열대과일 시리즈 Ⅱ

망 고

MANGO

열대과일 시리즈Ⅱ

망 고

MANGO

박준근 · 안기완 · 안영상

J. K. Park, K. W. An, Y. S. Ahn

전남대학교출판부

Chonnam National University PRESS

서 문

최근에 지구는 기후 온난화(溫暖化)의 영향을 크게 받고 있다. 지구 표면의 온도상승은 해수면 상승을 초래하고, 이는 다시 강수의 양과 분포를 변화시켜 가뭄과 홍수 등의 기상이변을 일으키고 있다. 또한 기후 온난화로 인한 빙하후퇴와 기후변화는 생태계 변화와 더불어 우리의 삶에도 영향을 주고 있다.

우리나라에서도 지구 온난화의 영향으로 각종 작물의 재배지가 북상(北上)하고 있다. 기상청에 의하면 지난 1세기에 한국의 온도는 1.5℃가 상승했다고 한다. 그래서 강원도의 최북단 고성군에서 녹차, 그리고 무엇보다도 제주도에서는 열대식물인 망고(Mango)가 이미 생산되고 있다. 또한 전라남도 함평군에서는 인근 공장의 폐열(廢熱)을 이용한 에너지 절약형 온실에서 열대작물의 재배를 시작하고 있다. 이러한 상황과 추세를 감안하여 농촌진흥청에서는 국내에서 재배가 유망한 아열대 작물인 망고, 골드 키위(Gold Kiwi), 패션후르트(Fashion Fruit) 등 과일 5종과 채소 10종을 농가보급 대상으로 선정하였다.

그러함에도 불구하고 우리나라에서는 기후변화에 대응한 열대작물

소개 및 재배에 관한 서적이 거의 없는 실정이다. 본서의 저자들은 이와 같은 기후변화를 감안하여 '**과일의 여왕**'이라고 불리는 **망고**(Mango)에 대한 책자를 공동으로 마련하고자 하였다. 열대 과일의 재배가 보편화되기 전에 필요한 책자가 출간되어야 한다는 당위성 때문이다.

이를 위하여 본 저자들은 최근 말레이시아, 미얀마, 태국 등 현지를 방문하여 사진과 자료 등을 수집하였으며, 각종 website와 문헌을 탐색하여 준비한 내용을 정리하여 책으로 발간하게 되었다. 오광인 전남대학교 명예교수, 안병호 함평군수과 김성모 함평망고협회 회장, 오산원 박사 장순영 사장 그리고 미얀마 Mr. Kyaw Wai Naing의 자료수집 도움에 감사를 드린다. 이 책이 생산자와 관련 기업인들에게 다소라도 도움이 되었으면 하는 마음 간절하다. 그리고 향후 배전의 노력을 다짐하고자 한다.

2012년 1월 전남대학교 용봉캠퍼스

저자 일동

망고연구회 말레이시아 현지방문(2011.07)
(안병호 함평군수와 김성모 함평망고협회 회장)

망고농장의 비가림 시설(말레이시아)

☜ 앞쪽사진

열대과일 망고를 연구하기 위하여 말레이시아대학교(Universiti Sains Malaysia) Jamamlludin Sulaiman 교수와 연구협의 및 현지 망고농장을 방문했을 때 사진이다(2010년 7월). 민간인들이 운영하는 농장과 정부연구기관 산하의 농장을 방문하면서 망고재배에 관한 노하우를 체득하고 최신정보를 수집하였다

현지방문은 본 집필진과 함께 오광인 전남대 명예교수, 안병호 함평군수, 김성모 함평망고협회 회장, 그리고 나판종 함평군 식량원예담당 계장이 동행하였다. 산(產)·관(官)·학(學)의 공동관심과 이해를 바탕으로 보다 현실에 접근한 연구를 진행하기 위함이었다. 특히, 이러한 공동연구를 통하여 함평군이 전남지역 망고의 주산지 역할을 하도록 상호협력하기로 하였음을 밝혀두고자 한다.

목 차

망고(Mango)

망고(R2E2 품종)

Chapter 01

망고의 개요

■ 망고의 유래와 생산지

망고는 옻나무科(Anacardiaceae) 망고屬(Mangifera)에 속하는 상록교목으로, 알레르기체질인 사람은 주의가 필요하다. 망고는 세계에서 가장 많이 재배되고 있는 열대 과수로 말레이반도, 미얀마, 인도 북부가 원산지로 알려져 있다. 이러한 망고의 수명은 400년 이상이라고 한다.[1]

망고는 수고(樹高) 35~40m 이상 자라며,[2] 잎은 비대칭적으로 어긋나는 호생(互生)이다. 잎의 형태는 바소꼴(lancet) 즉 피침모양으로 가장자리가 밋밋하고 털이 없으며 길이가 10~15cm 정도이다. 잎 표면은 광택이 있으며 두껍다. 말레이시아와 타이완에서는 1~4월에 꽃이 피고, 꽃은 가지 끝에 원추꽃차례로 달리고 붉은빛을 띤 흰색이다. 암수딴그루(雌雄移株)이고, 꽃받침과 꽃잎은 각각 5개이다. 수술은 5

---

1 http://www.ehow.com/how_6778876_prune-mango-trees-western-australia.html

2 http://en.wikipedia.org/wiki/Mangoes

결실기의 망고

개 이상이며 수술과 씨방 사이에는 육질의 화반(花盤)이 있고, 씨방은 상위이고 배젖이 있다.

망고 과실(果實)은 익으면 노란빛을 띤 녹색이거나 노란색 또는 붉은 색을 띠며, 과육(果肉)은 대부분 노란색이다. 종자는 1개 들어 있는데 원기둥꼴의 양끝이 뾰족한 모양이며, 약으로 쓰거나 갈아서 식용으로 사용하기도 한다.

망고의 열매는 품종이 많아 자두 크기로부터 4kg에 달하는 것까지 있고, 모양도 난형, 심장형, 장타원형 등 여러 가지 형태이다. 씨앗이 있는 핵과(核果)로서 과실은 5~10월에 익으며 길이 3~25cm, 가로 직경 1.5~10cm의 넓은 달걀 모양이다.

망고는 열대 내지 따뜻한 아열대 지역에서 주로 분포하고, 땅이 비옥하지 못한 곳에서도 잘 자라며 많은 수분을 요구하지 않는다. 접목을 실시한 묘목은 첫해에도 꽃이 피고 작은 열매가 열리는 경우도 있지만 2~3년 후부터 과실이 맺히는 게 일반적이다. 품종에 따라 과실의 크기가 다양하고, 조(早)·중(中)·만생종(晩生種) 등 수확시기도 달라진다. 물론, 망고의 품종에 따라 과일의 색상, 향, 섬유질 등도 많은 차이가 난다.[3]

망고는 단맛이 강하고 달콤한 향기가 진하다. 망고의 품질은 섬유질(fiber)이 적을수록 우량품이고, 종자에 섬유질이 많이 남을수록 불량품이다. 망고는 생식을 하는 경우가 대부분이고, 프루트칵테일(fruit cocktail), 샐러드(salad), 쇼트케이크(short cake) 등의 재료로 사용되기도 한다. 또한 침채류(沈菜類),[4] 통조림, 주스(juice), 넥타(nectar), 잼(jam), 젤리(jelly), 퓌레(puree), 냉동 슬라이스(slice) 등으로 가공되기도 한다.[5] 산지(産地)에서는 덜 익은 망고 과일을 야채와 같이 볶거나 절여 먹는다.

망고는 전 세계 과일 생산량 중에서 5위를 차지하고 있으며, 품종도 2,000여 종 이상이나 된다. 인도 아(亞)대륙의 자생종으로서 4,000년 이전부터 재배하기 시작하였고, 그 이후 동아시아를 비롯한 많은 열대지역에서 재배되고 있으며 점차 세계적으로 널리 보급되고 있다.[6]

3 http://toptropicals.com/catalog/uid/mangifera_indica.htm

4 배추나 무 등의 채소를 주원료로 하여 소금만 사용하거나, 된장, 간장, 고추장, 식초 중 하나 또는 여러 가지를 혼합하여 발효시킨 염장발효식품을 말한다. 예를 들어 한국의 김치류, 장아찌류, 중국의 菹(저), 일본의 쓰케모노, 서양의 사우어 크라우트(sour kraut), 피클(pickle) 등이 있다 (식품조리과학이론, http://blog.naver.com/play31bk).

5 (http://terms.naver.com/entry.nhn?docId=293429).

6 http://www.freshmangos.com/aboutmangos/index.html

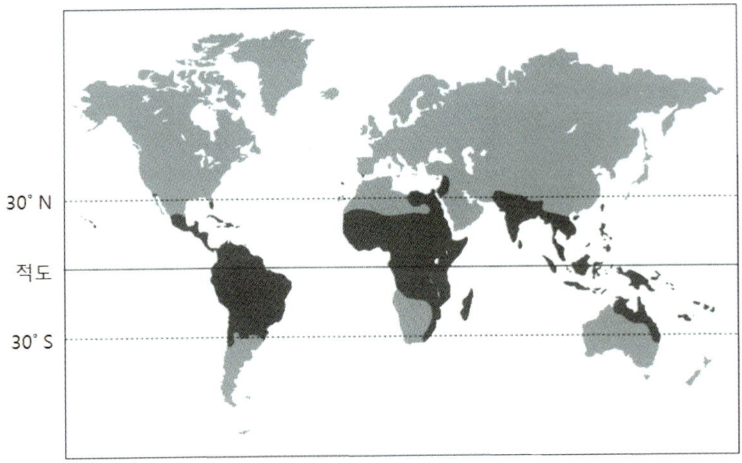

주 : 망고의 주된 재배지역이 짙은 색으로 표시되어 있는데 주로 적도를 기준으로 남북 30˚에 분포되어 있음.

자료 : 新特産シリーズ マンゴー 完熟果栽培の実際(米本仁巳, 2008).

세계 주요 망고 생산국

그 후 AD 10세기경에 동아프리카(Africa)로 전파되었고 이어서 브라질(Brazil), 베네수엘라(Venezuela), 서인도제도(West Indies)[7] 그리고 멕시코(Mexico) 등으로 재배지역이 확산되었다.

오늘날 인도나 파키스탄 및 필리핀에서는 망고가 해당 국가에서 대표적인 과일로 재배되고 있다. 특히, 인도에서는 세계 망고 생산량의 거의 절반에 육박할 정도로 많은 양을 생산하고 있는 실정이다.[8]

---

7 서인도제도(西印度諸島, West Indies)는 카리브 해(Caribbean Sea)를 대서양으로부터 가르는 많은 섬들을 말하는데, 크게 세 그룹의 섬들로 나눈다. 즉, 북쪽의 바하마(Bahamas), 중앙의 大안틸제도(Greater Antilles), 그리고 남동쪽의 小안틸제도(Lesser Antilles)로 나눈다. 바하마는 약 3천개가 넘는 섬들로 되어 있다. 大안틸 제도(諸島)는 쿠바(Cuba), 자마이카(Jamaica), 아이티(Haiti), 도미니카 공화국(Dominican Republic), 그리고 푸에토리코(Puerto Rico) 등을 포함하고 있다. 小안틸제도(諸島)는 남동쪽에 있는 매우 작은 섬들인데 Leeward 제도와 Windward 제도로 구성되어 있다.

8 http://en.wikipedia.org/wiki/Mango

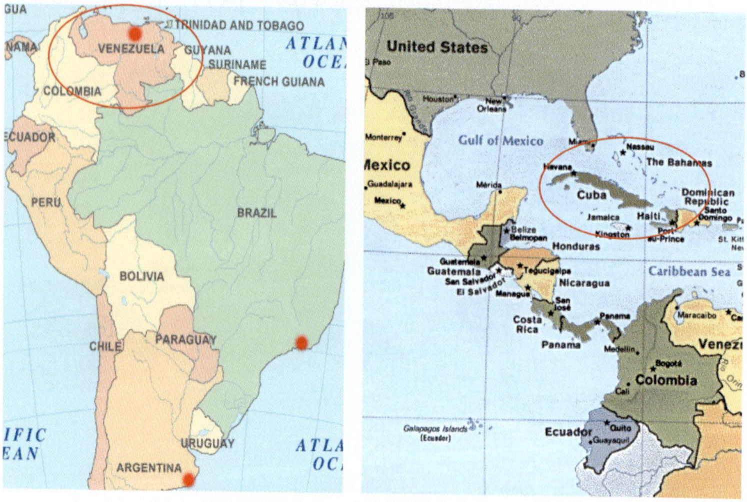

(http://www.world-atlas.us/south-america.htm
http://www.craigwsmall.wordpress.com/2008/07/13/central-and-south-america/)

베네수엘라(좌)와 서인도제도(우)

현재 열대아시아의 태평양제도, 열대 호주(Australia), 서인도제도, 중남미 등 거의 모든 열대기후 지역에서 망고가 재배되고 있으며, 2009년 말 자료에 의하면 전세계적으로 98개국에서 망고를 생산하고 있다. 최근 UN/FAO 자료에 의하면 10대 망고 생산국은 인도, 중국, 태국, 인도네시아, 파키스탄, 멕시코, 브라질, 나이지리아, 방글라데시, 그리고 필리핀 등으로 보고되고 있다. 전세계 망고 총생산량(2009년)은 3,512.4만 톤이었는데, 이들 10개국의 생산량은 2,918.4만 톤으로서 세계 생산량의 약 83.0%를 차지하고 있다. 특히 인도는 세계 생산량의 약 38.6%를 차지할 정도로 망고 생산대국이다.

우리나라에서는 망고가 1980년대 후반 제주도 서귀포시에서 첫 도입되어, 최근 2010년 현재 47 농가에서 약 24ha 정도 재배하고 있다. 유리온실 2곳 외에는 대부분 플라스틱 온실에서 재배되고 있다. 재배면적은 해년마다 서서히 증가하고 있지만, 생산량은 다른 나라와 비교해서 아직 미미한 실정이다. 또한 전라남도 함평군을 비롯하여 영암군 등지에서 주로 온실을 이용한 망고의 재배가 시작되고 있다.

■ 망고의 영양소

망고는 다양한 용도와 달콤한 맛으로 많은 사람들로부터 애찬을 받고 있는 과일이다. 특히 인도 등에서는 망고를 '과일의 여왕'(Queen of Fruits)이라 라고 부른다. 망고는 많은 영양소가 골고루 함유된 과일이다. 또한 망고의 잎, 가지, 뿌리 등도 식용으로 사용하고 있다. 예를 들어, 필리핀에서 어린잎은 야채로 식용하고 있고, 불에 태운 재는 화상과 염증의 가정치료약으로 이용되고 있다. 그리고 잎을 태울 때 발생하는 연기는 딸꾹질과 목의 통증을 완화시키는데 효과적이고, 생엽(生葉)은 껌 대용으로 이용되고 있다. 꽃은 있는 그대로 식용하거나, 건조한 꽃은 설사와 만성적으로 계속되는 이질(痢疾, dysentery)에 효과가 있다. 수피(樹皮)에는 탄닌(tannin) 성분이 다량 함유되어 류머티즘(rheumatism) 치료에 효과가 있고, 목재는 가구와 건축재 등으로도 사용되고 있다.

망고의 영양소를 좀 더 구체적으로 설명하고자 한다. 망고는 구리와 칼륨이 풍부하게 함유되어 있다. 그리고 마그네슘, 망간, 셀레늄,[9]

---

9 셀레늄은 비타민 E와 함께 인체의 산화를 방지하는 항산화제이다. 암을 예방하는데 도움이 되는 역할로 알려지고 있다. 셀레늄은 유리기(free radical)에 의한 DNA의 손상을 예방하고, 손상된 세포가 나쁜 세포(암)로 변하기 전에 스스로 죽게끔 유도하는 작용을 한다. 또한 셀레늄은 암세포의 출현을 억제하는 DNA의 복구과정에 관여하는 것으로 알려지고 있다. 셀레늄은 면역기능을 증가시켜 바이러스 감염에 저항력을 키우는데 도움이 되는 물질이며 요오드 대사에 관여하여 갑상선 기능에 도움이 되며 몸 속의 중금속들을 배설 시키는데도 절대적으로 필요한 미량 미네랄이다.

칼슘, 철(iron), 인 등이 함유되어 있다. 콜레스테롤이나 포화지방이 없으며 단지 0.6g 정도의 지방이 함유되어 있다.

망고는 비타민 A와 C가 풍부하고, 특히 설익은 망고에 포함된 비타민 C는 익은 망고보다 함유량이 높다. 또한 망고는 비타민 B, 비타민 E, 그리고 비타민 K 등을 함유하고 있다. 망고 100g은 75 칼로리의 열량을 낼 수 있으며, 설익은 망고에는 전분(澱粉)이 포함되어 있는데 이는 망고가 익으면 당(糖)으로 전환된다. 이러한 이유로 단백질이 풍부한 우유와 함께 망고 밀크셰이크(milk shake)를 만들어 먹을 경우에는 체중 증가에 도움이 된다.

망고가 지니고 있는 영양분을 구체적으로 살펴보면 실로 매우 다양한 영양소를 포함하고 있음을 발견할 수 있다. 다음의 표는 망고 100g을 기준으로 분석한 것이다. 망고 100g에는 약 0.4g의 단백질, 1.0g의 식이섬유, 그 외에도 칼슘을 비롯한 미네랄과 트립토판(tryptophan)[10]이나 메티오닌(methionine)[11]과 같은 중요한 영양소가 많이 포함되어 있다.

10 이 트립토판은 걱정불안의 해소에 도움이 되고, 우울증이나 감정의 조절, 불면증 환자에게 도움이 될 수 있는 성분이다. 트립토판은 식품에서 필수적인 아미노산이면서 20여개의 표준 아미노산의 하나이다. 식생활을 변화시킴으로서 혈액의 트립토판 수준이 변화되기는 어렵지만 식품보조제로 건강식품점에서 판매되어 왔다. 많은 사람들은 트립토판이 안전하고 상당히 효과적인 수면효과가 있다는 것을 발견하였다. 이는 아마도 트립토판이 뇌의 신경전달물질(neurotransmitter)인 세로토닌이나 수면을 유도하는 호르몬인 멜로토닌 수준을 향상시킬 수 있는 능력 때문일 것이다 (en.wikipedia.org/wiki).

11 유황을 함유하는 필수 아미노산의 하나로서 단백질의 구성 성분이며 카세인(casein), 달걀의 알부민, 효모 따위에 들어 있으며 영양제나 간장 질환, 중독증 따위의 치료약 또는 영양제로 쓰인다.

망고 과실(果實)의 성분

성 분	함량 (100g)
칼로리	62.1~63.7 Cal
수분	78.9~82.8 g
단백질	0.36~0.53 g
지방	0.30~0.53 g
탄수화물	16.20~17.18 g
섬유	0.85~1.06 g
회분(灰分)	0.34~0.52 g
칼슘	6.1~12.8 mg
인	5.5~17.9 mg
철	0.20~0.63 mg
비타민A(카로틴)	0.135~1.872 mg
티아민(Thiamin)	0.020~0.073 mg
리보플라빈(Riboflavin)	0.025~0.068 mg
나이아신(Niacin)	0.025~0.707 mg
아스코르빈산(Ascorbic acid)	7.8~172.0 mg
트립토판(Tryptophan)	3~6 g
메티오닌(Methionine)	4 mg
리신(Lysine)	32~37 mg

자료 : 熱帶果樹栽培ハンドブック(国際農林業協力協会, 1996)

Chapter 02

망고의 품종

망고의 품종은 이미 언급한 바와 같이 2,000여 종이 넘으나[12] 상품가치가 인정되어 농민들에 의하여 재배되고 있는 품종은 143개 정도인 것으로 보고되고 있다.[13] 우리가 일반적으로 망고라고 부르면서 식용하는 것은 *Mangifera indica* Linn.이라는 종이지만, 이외에도 필리핀망고(*M. altissima* Blanco), 쿠이니망고(*M. ororata* Griff.), 우마망고(*M. foetida* Lour.) 등이 있다. 재배는 해당 지역의 입지환경에 대해 적응성이 높고 과실 품질이 양호한 대중성 있는 품종을 선발하는 것이 중요하다. 현재 제주도 지역의 망고 농장에서는 '애플망고'(apple mango)라 불리는 어윈(Irwin) 품종을 선호하고 있지만 안정된 농가 소득과 재배를 위해서는 조·중·만생종의 조합을 통한 출하시기 확대를 도모할 필요가 있다.

---

12 http://factoidz.com/the-tropical-fruit-mango-varieties-gastronomical-uses-and-nutrition/

13 http://mgonline.com/articles/mango.aspx

(http://www.fotolibra.com/gallery/599561/apple-mango-tree/)

애플망고

우리가 먹고 있는 망고는 크게 인도계와 동남아시아계로 분류할 수 있다. 인도계 망고는 더운 여름과 차가운 겨울이 있는 인도 몬순지대의 건조한 아열대에서 발생하였고, 동남아시아계는 항상 온도와 습도가 높은 열대에서 유래되었다.

■ 붉은 과피의 인도계 망고

인도계 망고의 종자는 단배(單胚, mono-embryonic)인 것이 많다. 단배 종자는 타가수분(他家受粉)[14]에 의한 교잡에 의해 만들어지고, 이러한

14 같은 종의 식물에서 한 식물 개에의 꽃가루가 다른 식물 개체의 암술머리에 붙는 현상으로, 유전자 조성을 달리하는 식물개체사이의 교잡(交雜)을 말한다.

과실의 종자를 파종하여 얻은 묘목은 모친과 다른 성질을 지닌다. 따라서 다양한 망고 품종은 교잡 종자에서 유래한다.

인도계 망고의 특색은 과피(果皮)가 붉은색을 띠고 있는 것이다. 소비자의 대부분은 적색의 망고를 좋아하기 때문에 보다 붉은색을 나타내는 품종을 만들려고 노력하고 있다. 어윈 품종은 진한 붉은 색의 단배종자이기 때문에, 이것을 모계로 하고 맛이 좋은 품종의 화분을 교배하면 적색과 맛이 좋은 새로운 품종이 만들어진다. 대만(臺灣)에서는 단배인 '킨코우(kinkou)' 품종을 모계로 하고 '어윈' 품종의 화분을 교배하여 맛이 좋고 붉은색의 '애홍'(愛紅, Aikou)을 만들어 현재 신품종으로 출원 중에 있다.

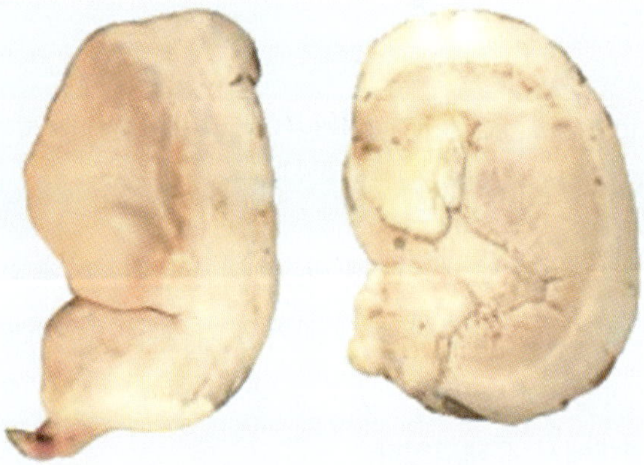

(http://www.agroforestry.net/tti/Mangifera-mango.pdf)

단배(좌) 및 다배(우) 망고 배아(胚芽)

■ 황색 과피의 동남아시아계(열대) 망고

동남아시아계의 망고 종자는 다배(多胚)인 것이 많고, 과피는 황색으로부터 녹색이 대부분이다. 다배종자의 특징은 한 개의 종자부터 몇 개의 싹이 발생하는 것으로, 그 중에서 한 개는 교잡에 의해서 형성된 것이지만 다른 것들은 구심배(球心胚)라 부리는 모친과 동일한 유전자를 가진 싹이 발생한다. 대부분 구심배에서 발생한 개체가 생육이 왕성하고, 교잡에 의해 발생한 개체는 약하고 경쟁에 밀려 고사한 경우가 많다. 따라서 다배품종의 종자를 파종하면 모친과 동일한 성질의 묘목을 만들 수 있다. 이와 같은 성질을 이용하여 다배품종의 종자로부터 얻은 실생묘를 대목(臺木, rootstock)[15]으로 하여 우량품종의 접수를 접목하면 균일한 품종의 묘목 생산이 가능하다. 망고를 포함한 많은 과수에서는 다배종자의 실생묘를 대목으로 하고 우량품종을 접수로 하는 접목법을 통한 묘목 증식을 행하고 있다.

■ 플로리다지역 망고

미국 플로리다 지역에서 재배되고 있는 망고의 품종을 보면 크게 4개의 그룹으로 나눌 수 있다.

- **인도계열** : 주로 단배성으로 오래전부터 도입되어 현재 주된 재배 품종이다. 다소 송진 맛을 지닌 터펜틴(turpentine)망고[16] 품종의 성격이 강하다.
- **필리핀, 인도-차이나 계열** : 다배성(多胚性)이며, 송진 맛과 섬유질이 없고 탄저병에 저항성이 강하다. 대개 가정의 정원에서 재배되는 형태로 산재되어 있다.
- **서인도제도, 남아메리카 계열** : 트리니다드(Trinidad)의 No.11, 줄리

15 접목 시 접수를 붙이는 대(臺)가 되는 나무를 말한다.

16 터펜틴(송진) 맛을 지닌 망고를 '터펜틴 망고'(turpentine mango)라는 이름을 사용한다 (http://schools-wikipedia.org/wp/m/Mango.htm).

(Julie), 브라질의 이타마라카(Itamaraca), 아이티(Haiti)의 마담(Madame Francis) 등에 분포하고 있으나 대개 상품성이 없다.

(http://www.worldatlas.com/webimage/countrys/namerica/caribb/tt.htm)

트리니다드

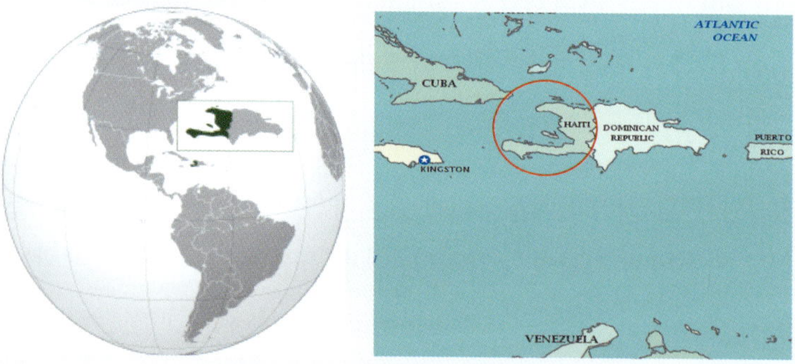

(http://en.wikipedia.org/wiki/Haiti;
http://www.yourchildlearns.com/mline-atlas/dominican-republic-map.htm)

아이티

• **플로리다 자생 계열** : 과거 많은 품종이 플로리다에 자생하였지만 점점 사라져가는 추세이다. 재배는 해당지역의 입지조건에 적응성이 높고 과실품질이 우수하여 대중성 있는 품종을 선발하는 것이 중요하다. 현재 플로리다에서는 대부분 어원 품종을 재배하고 있지만 재배의 전업화(專業化)를 위해서는 조·중·만생종의 조합을 통하여 출하시기를 확대할 필요가 있다.

■ 주요 품종

우리나라와 비교적 가깝게 있고 기후대가 비슷한 일본에서는 이미 오래전부터 망고 재배가 상당히 보편화되었다. 현재 일본에서 재배되고 있는 품종들과 그 외에 세계적으로 주요한 품종을 좀 더 자세하게 살펴보고자 한다. 따라서 여기에서는 동서양에서 재배되고 있는 주요 품종들의 특성을 간략하게 설명하기로 한다.

우리나라에서는 유리온실이나 플라스틱(비닐) 온실에서 망고를 재배할 수밖에 없는 실정이다. 그렇기 때문에 무엇보다도 수고가 작고 내병성이 강한 품종이 유익할 것으로 생각되어 일명 '콘도 망고'(condo mango)[17]라고 불리는 품종들을 말미에 소개하고자 한다.

---

17 '콘도 망고'(condo mango)라는 말은 플로리다 지역의 코럴 게이블즈(Coral Gables)에 있는 '페어차일드 열대식물원'(Fairchild Tropical Botanical Gardens)의 열대과일 관리자 Richard Campbell 박사가 처음 사용하였다. '콘도 망고'는 컨테이너 재배에 용이한 품종들을 말하는데, 원천적으로 작고 필요하면 전정을 통하여 규모가 작아질 수 있다. 발코니나 온실 또는 교외의 뒷마당에 심기에 적합하다 (http://tropicalfruitnursery.com/mango/index.shtml).

• 헤이든(Haden) : 1902년 미국 플로리다의 멀고바(Mulgoba) 품종을 개량한 것으로 과일은 7~8월경에 수확되고 맛은 좋지만 착과성이 좋지 못하다. 주로 열대에서 결실되기 쉬운 종으로 과피는 적색으로 황색의 작은 반점이 많다. 과육은 진한 황색으로 당도는 16~17°Brix[18] 정도로 풍미가 좋고 우량한 종이다. 하지만 탄저병에 약하고 과육붕괴증이 발생하기 쉽다.

• 어윈(Irwin) : 비교적 서늘한 아열대에서 재배하기 적합한 품종이다. 대체적으로 생산량은 많으나 종가가 없고 크기가 작은 과실이 결실되기 쉽다. 또한 탄저병에 약하고 저장성이 좋지 못한 단점이 있다. 수확기에 이르면 낙과하기 쉽기 때문에 과실을 봉투와 네트로 싸야 하고, 그 중에서 낙과한 과실은 수확한다. 낙과하기 1~2일 전에는 과피가 적자색(赤紫色)으로부터 선홍색(鮮紅色)으로 변하므로 쉽게 육안으로 구분할 수 있다.

망고 향은 거의 없고 당도는 다른 품종보다 비교적 낮다. 하지만 맛은 담백하여 망고를 접하는 초심자에게 인기가 있어 '망고의 입문'으로 알려져 있다. 일본의 오키나와(沖縄)에서는 하우스에서 많이 재배하고 있고, 일본에서 재배된 최초의 품종이다.

어윈은 조생종(早生種)으로 난세이제도(南西諸島)[19]에서는 7월 중순~8월 중순에 성숙하고, 긴 계란형으로 약간 평평한 편이다. 평균 중량은 350~600g으로 과피의 두께가 얇고 자홍색이다. 과육은 옅은 황색이고, 종자는 작으며 섬유가 적고 육질(肉質)은 세밀하고 당분은 12~16°Brix로 중간등급으로 구분된다.

---

18 브락스(Brix)는 물의 당분농도를 측정하는 단위이다. 예를 들면 1° Brix는 100 gram의 물에 자당(蔗糖, 식물에 많이 들어 있는 단맛이 있는 흰 결정체)이 1 gram이 함유되어 있음을 의미한다. 따라서 브릭스 수치가 높을수록 단맛이 강하다.

19 난세이제도(南西諸島)는 일본 규수(九州) 남단에서 타이완(臺灣) 사이에 위치한 열도를 말한다.

- **켄트**(Kent) : 달콤한 맛은 망고 중에서 상급에 속하지만 저장성이 거의 없다. 또한 이 품종의 문제는 과피가 붉게 착색되는 품종이지만 일본과 플로리다에서는 진한 붉은색으로 나타나지 않고, 과육 붕괴병이 잘 걸린다는 단점이 있다. 망고의 향은 거의 없고, 과피는 붉은색으로 황색 반점이 있다. 과실의 무게는 600～750g으로 플로리다에서 만들어진 품종이다.

- **토미 앳킨스**(Tommy Atkins) : '케이트'(Keitt)와 더불어 세계적으로 많이 재배하는 품종이다. 탄저병에 강하고 과실이 많이 생산되지만 기온이 높아지면 과육 붕괴증이 발현되기 쉽다. 저장성은 좋지만 맛은 보통이다. 그렇지만 완숙되면 어윈과 같이 달콤한 향기가 강하다. 과피는 적색으로 흰색의 작은 반점이 많다. 과육은 황색이고 과실 무게는 450～700g이다.

  현재 세계시장에서 많이 유통되고 있으며, 1940년대 미국 플로리다 남부에서 재배가 시작된 헤이든 묘목에서 개량된 품종이다. 이 품종의 망고는 영국 수퍼마켓의 80%를 차지할 정도로 대중화 되었다. 비록 섬유질 과육이 많고 뛰어난 맛을 지닌 것도 아니지만 망고 재배자들 사이에서는 높은 생산량과 뛰어난 내병성(耐病性), 저장성, 수송에 용이함 그리고 과일의 크기와 매력적인 색깔 때문에 인기가 매우 높다.

- **케이트**(Keitt) : 과실이 비교적 큰 품종이며 최대 1.5kg까지도 자란다. 맛과 생산량은 비교적 좋은 편에 속한다. 그러나 완숙되어도 스스로 낙과하지 않아 수확적기 판단이 어려운 단점이 있다. 탄저병에 강하고 과피는 황녹색으로 흰색과 황색의 작은 반점이 많다. 과육은 노란색으로 섬유질은 적다. 그러나 수확 말기에 종자가 발아(發芽)되

는 단점이 있다.

• 질(Zill) : 헤이든으로부터 만들어진 품종으로 6~7월에 수확하고 향기가 진하고 품질이 우량하다. 과실은 짧은 계란형으로 무게는 300~500g이다. 과피는 얇고 자홍색(紫紅色)이며 과육은 등황색(橙黃色)이고 섬유질이 거의 없다. 종자는 작고 과육은 부드러우며 즙이 많다. 그러나 저장과 운반에 약하다.

• 센세이션(Sensation) : 하와이(Hawaii) 지역의 품종으로 과실은 7~9월에 성숙되며 과실의 생산성이 좋다. 과실의 형태는 짧은 계란형이고 평균 중량은 300~400g이다. 과피는 연한 홍색으로, 성숙판별이 어렵다.

• 에드워드(Edward) : 헤이든(Haden)과 카라바오(Carabao) 교잡종으로 조숙성이다. 6~7월에 성숙하고 과실 모양은 계란원형이다. 과실은 크고 넓으며 평균중량 385g, 길이 10.2cm, 너비 7.7~7.9cm이다. 과피는 황색이며 껍질이 매우 얇다.

(http://mangozz.com; http://tropicalfruitnursery.com)

❶ 헤이든 ❷ 어윈 ❸ 켄트

(http://phoenixtropicals.com; http://tropicalfruitnursery.com)

케이트(좌)와 질(우)

(http://www.mangosa.com/mango_3.htm;
http://www.laseradblog.com/watercooler/2009/06/itg-edward_mangoes.html)

센세이션(좌)과 에드워드(우)

• **포프**(Pope) : 하와이 품종으로 조숙성이다. 6~7월 성숙하고 결과수가 많은 풍산종이다. 과실의 형상은 질과 비슷하고 과피는 등홍색, 평균중량 250g, 길이 8.9cm, 너비 6.6~7.4cm이다. 과육의 색은 등황색이며 육질은 섬세하면서 섬유가 가늘며 적은 편이다. 당분은 15.8°Brix이며 풍미는 하이든과 같고 품질이 우량하다.

(http://en.wikipedia.org/wiki/File:mango_TommyAtkins04_Asit.jpg; http://commons.wikimedia.org/wiki/List_of_mango_cultivars#Pope)

토미 앳킨스(좌)와 포프(우)

• **아핑**(Ah Ping) : 하와이 품종으로 조숙성이다. 과실은 6~7월에 성숙하고 타원형이다. 평균중량이 360g이고 길이 11.4cm, 직경 7.3~8.4cm이다. 과피는 두껍고 등홍색으로 육질은 다소 거친 편이나 섬유는 극히 적다. 과즙이 적고 맛은 하이든과 같은데 당분은 17°Brix로 품질이 우량하고 과실은 저장과 운반에 잘 견딘다.

• **다쉐리**(Dasheri) : 하와이 품종으로 결실이 좋고 6~8월에 성숙하는 품종이다. 과실은 타원형이고 크기, 형상, 색, 광택 등은 대만 품종의 즈씬과 비슷하다. 평균중량이 120g, 길이 8.0cm, 직경 5.2~5.5cm이다. 과피는 황록색이고 두꺼우면서 깨끗하다. 성숙할 때 과

일의 꼭지 부근의 과피부터 착색하기 시작하는데 쉽게 갈라진다. 과육은 짙은 등황색이며 육질은 부드러우면서도 섬유질은 거의 없다. 종자는 과육에서 쉽게 떨어지며 향기는 청순하고 분유맛과 같아 품질이 아주 우량하다.

(http://toptropicals.com/pics/garden/07/479/p51249050.jpg;
http://www.bbc.co.uk/news/10530311;
http://stockpicturesforeveryone.blogspot.com/2010/11/fruits.html)

상: 아핑(좌)과 다쉐리(우)
하: 인도에서 가장 오래된 다쉐리 망고나무

• 켄싱톤(Kensington) : 하와이 품종으로 조숙종이다. 과실은 6~7월에 성숙되며 복숭아형으로 과실이 비대하다. 과일의 끝은 뾰족하게 돌출되고 평균중량이 370g, 길이 10.1cm 너비 8.0~8.6cm이다. 과피는 담황색이고 햇볕을 많이 받은 면은 붉은빛을 띠며 껍질은 얇고 광택이 난다. 과육은 황색이고 육질은 부드러우면서 찰기가 있고 미끄럽다. 섬유는 가늘고 길지만 많지 않다. 과즙은 많고 타이완 망고 즈씬의 향미가 있으며 당분은 14.8°Brix로 품질이 우량하다.

• 알폰소(Alphonso) : 과실의 성숙 시기는 6~7월이고 수고가 매우 높게 자라는 품종이다. 과실은 달걀 형태이면서 10.2~15.2cm 정도의 크기이고 무게는 약 283.5g 정도이다. 과육은 달콤한 향과 맛을 지니고 있고 황금색으로 무섬유질이다. 인도의 디저트용 망고 중에서 가장 좋은 품질을 가지고 있다. 유럽의 특산품 시장으로 수출되고 있으며 좋은 가격에 판매되고 있다. 설익은 상태에서 수확되어 익기 전에는 냉장시키지 않는다. 성숙한 녹색 망고는 21.1℃(70°F)[20]에서 최적 과육조직, 맛, 향을 이뤄낸다.

(http://www.goldendrop.com.au/mangoes.html; http://www.toptropicals.com)

켄싱톤(좌)과 알폰소(우)

20 미국에서 주로 사용하는 °F 와 미국 이외의 세계에서 사용하는 °C 간의 변환공식
[°C] = ([°F] − 32) × 5/9 ↔ [°F] = [°C] × 9/5 + 32

• 베일리 마블(Bailey's Marvel) : 과실의 성숙시기는 6~8월 중순인데 예쁘게 생긴 대과(大果)이며 많은 잎이 대칭적으로 달려 있는 품종이다. 내한성(耐寒性)에 강하고 다즙이며 단맛을 지닌 노란색 과육을 지니고 있다. 달걀형 및 둥근 형태를 지닌 과실은 453~906g에 이르고 과피에는 작은 반점들이 분포하고 있다. 헤이든과 매우 비슷한 맛을 지니고 있지만 품질은 더 우수하다. 또한 과실은 헤이든보다 크며 곰팡이균에 더 강하다. 과실의 표면이 노랗게 변하면 수확해야 하며 너무 익기 전에 먹어야 한다.

• 베벌리(Beverly) : 과실의 성숙시기는 7월 중순~8월 중순이고 나무가 낮게 자란다. 과일이 크림처럼 달콤하고 향이 강하며 1.36kg까지 크게 자란다. 과육은 붉은색과 암녹색이고 섬유질이 없다. 노란색 과육은 품질이 좋고 즙이 많으며 만생종으로 매우 우수한 품종이다. 품질이 좋은 과육을 소유하고 있는 맛있는 망고로서 대부분의 품종이 거의 다 소진된 후에도 판매가 된다는 장점이 있다. 그러나 과피가 약간 어두운 녹색이라는 것이 약간의 단점으로 꼽힌다.

• 봄베이(Bombay) : 과일의 익는 시기는 7월이며 과실이 매우 큰 품종이다. 다습한 남부 플로리다 지역의 기후조건에서 지속적으로 열매를 맺는다. 과일은 매우 당도가 높고 입에서 녹는 듯이 다즙이며, 향이 강하고 풍부하며 달걀형이다. 과실은 가운데로 쪼개어 스푼으로 과육을 떠먹을 수 있다. 서부 인도와 자메이카에서 매우 인기가 있는 품종으로 과실의 아랫부분이 약간 노랗게 되면 수확이 가능하다.

인도에서 자메이카로 초기에 이민을 왔던 사람들이 가지고 온 품종으로서 인도의 파헤리(Paheri) 품종과 과실 형태와 맛 그리고 나무의 생장 습성이 비슷하다. 과실은 340.2~397g 정도이고, 성숙되어도 과육이 초록색을 띤다. 과실은 햇빛에 노출되면 붉은 색으로 변하며 인도에서 매우 인기 있는 디저트용 망고이다. 수형이 아름답고 크게 자란다.

(http://www.toptropicals.com)

❶ 베일리 마블 ❷ 비벌리 ❸ 봄베이

• 촉아논(Choc Anon) : 일 년에 11월~1월과 7월에 두 번의 수확이 가능한 품종이다. 나무는 중간 크기이며 잎이 무성하고 곧게 자란다. 맛이 뛰어나며 당도가 높고 단단한 과실이 열린다. 코코넛 맛이 나며 과실의 크기는 340~453g 정도이고, 황금색 무섬유(fiberless) 과육을 지녔다. 태국이 원산지이며 기적의 망고(Miracle Mango)로 불린다. 겨울에 망고를 원하는 사람들에게 안성맞춤인 품종이다.

(http://toptropicals.com; http://tropicalfruitnursery.com)
촉아논

• **쿠시만**(Cushman) : 과실이 성숙하는 시기는 7~8월으로 중생 및 만생종으로 적합한 품종이다. 나무는 중간 크기이고 내병성이 약하다. 과일의 크기와 형태는 자몽(grapefruit)과 비슷하고, 과피는 연초록이다. 과육은 무섬유질이며 크림처럼 부드러워 맛이 매우 훌륭한 품종이다.

• **도트**(Dot) : 南플로리다에서 육종되었고,[21] 과실이 익는 시기는 6~7월이다. 내병성은 중간 정도이고 향기가 뛰어나며 과실은 단단하고 다즙성(多汁性)이다. 무섬유질의 과육을 지녔고 분홍색이 섞인 밝은 노란색을 지니고 있다.

플로리다에서는 현관 앞의 좁은 공터 등의 식재와 묘목용으로 판

21 원래는 플로리다주 보인톤 비취(Boynton Beach)에 거주하는 묘목 육종자 로렌스 질(Lawrence Zill)에 의해서 육종되었으며, 이 품종의 이름을 Zill의 부인인 Dorothy의 이름을 따서 '도트'(Dot)라고 명명한 것이다.

매하기 위해 이용되고 있다. 처음에는 캐리 품종을 육종한 것으로 알려졌으나 최근 혈통분석의 결과에 의해 질(Zill) 품종의 후손인 것으로 판명되었다. 지난 1992년 이래 현관 마당의 품종으로 보급되기 시작하였고, 우리나라의 온실재배에 비교적 적합한 품종으로 여겨진다.

(http://toptropicals.com; http://tropicalfruitnursery.com)
쿠시만(좌)과 도트(우)

- **밴 다이크**(Van Dyke) : 플로리다에서 자생하는 망고로부터 육종한 품종이며 유럽지역에서 매우 높은 선호도를 갖고 있다. 나뭇가지가 넓게 퍼지고 잎이 무성하며, 플로리다 지방에서는 과실이 6~7월에 익는다. 강한 내병성을 소유하고 있으며 우수한 생산성을 지니고 있다. 과피의 붉은색은 시선을 끄는 매력이 있고 과육은 무섬유질로 향기가 우수하다. 원래 밴 다이크 망고 묘목은 수십 년간 유래가 알려지지 않았으나, 지난 2005년 혈통 분석 결과에 의해 헤이든 품종이 모계(母系)인 것으로 확인되었다.[22]

22 원래의 묘목은 1930년대 플로리다 마이아미(Miami)에 거주하던 마델린 밴 다이크 부인(Mrs. Madeline Van Dyke)의 토지에 식재되어 있었던 씨앗에서 자라났다.

(http://toptropicals.com; http://tropicalfruitnursery.com)

밴 다이크

■ 온실재배에 적합한 품종

여기에서는 우리나라의 온실에서 재배할 수 있는 수고가 작고 품질이 우수한 과일 생산이 가능한 콘도 망고(condo Mango)의 품종을 사진과 함께 설명하고자 한다.[23]

• 알람푸르 바네산(Alampur Baneshan) : 과실의 평균무게는 397~454g 정도이고 비스듬한 타원형이다. 과육은 녹색으로 섬유질이 없고 녹색이며 껍질에는 코르크 같은 반점이 있다. 다른 디저트용 망고처럼 초록색일 때 수확이 가능하고 실내 온도에서 후숙이 가능하다.

  인도 외의 지역에서 그다지 흔치 않은 품종이다. 녹색과육 색깔과 낮은 생산성, 수확기 이전에 과실이 쪼개지는 성향이 있기 때문에 아마도 국제 수출시장에 출하되기가 쉽지 않을 것으로 여겨진다.

23 http://www.tropicalfruitnursery.com/mango/pickering-mango.shtml

알람푸르 바네산

• 캐리(Carrie) : 과실의 성숙시기는 6-7월이고 과육은 노란색이다. 수고가 매우 작아 발코니의 컨테이너, 집의 마당과 뒷마당에도 식재할 수 있고 내병성이 강하여 재배하기 쉬운 품종이다. 과육은 매우 달고 톡 쏘는 맛 그리고 강한 향기를 지니고 있다.

타원형으로 생긴 과실은 280～340g 정도의 무게를 지니는데 때로는 450g까지도 자랄 수 있다. 무섬유질 과육이며 망고 중에서 최고의 맛을 지니고 있다는 평가를 받고 있다.

과일의 색상과 단단하지 못한 것이 이 훌륭한 품종의 단점이다. 그러나 우리나라의 실정을 감안할 때 캐리는 온실에서 재배하기에 매우 적합하리라 생각된다. 왜냐하면 우리나라의 유리온실이나 플라스틱 온실에서 키가 큰 망고를 재배하기가 힘이 들기 때문이다.

(http://forums.gardenweb.com/forums/load/tropicalfruits/msg041858202211.html)

캐리

- **콕샬**(Cogshall) : 과실의 성숙시기는 6-7월이다. 플로리다에서 1940년대에 개량된 콕샬은 크기가 비교적 작아서 콘도미니엄 발코니 컨테이너에서 재배가 가능하기 때문에 '콘도 망고'라는 별명을 갖고 있다. 곰팡이 저항성이 강하고 강력한 내병성을 지니고 있다. 그리고 과일은 달고 향기가 좋으며 다즙이다. 과일은 타원형의 담황색이며 무게가 280～450g 정도이고 과육은 무섬유질이다. 온실과 실내에서 재배하기에 매우 우수한 품종으로 알려져 있다.

콕샬 품종은 성장속도가 느리기 때문에 전정을 통해서 나무의 크기 조절이 가능하다. 수고와 수관 등이 2.0m 이내이면서도 매년 13.6～22.7kg 정도의 열매를 생산할 수 있다. 과일은 색상이 화려하며 달큼한 맛을 지니고 있으며, 강한 내병성을 갖고 있다. 이 품종도 '캐리'와 마찬가지로 수고가 작기 때문에 우리나라의 온실에서 재배하기에 매우 적합한 품종이라고 사료된다.

(http://www.forums.gardenweb.com/forums/load/tropicalfruits/msg041858202211.html)
콕샬 : 과실(좌)과 수고가 작은 나무의 개화 모습(우)

- 페어차일드(Fairchild) : 남부 플로리다와 같이 습도가 높은 지역에서도 잘 자란다. 과실이 익는 시기는 6~7월이며 과실의 크기가 비교적 작은 품종이다. 전정 등을 통하여 수고를 2.4m 이하로 작게 유지할 수 있으며 강한 내병성을 소유하고 있다. 과일이 단단하지만 즙이 많고 향기가 강하며 평균무게는 280g 정도이다. 과피는 노란색이며 과육은 섬유질이 없다.

  1900년대 파나마 운하지역(Panama Canal Zone)에서 선발되었으며 수고를 2.4m 이하로 작게 유지할 수 있기 때문에 온실과 좁은 정원에서 재배하기 적합한 품종이다.

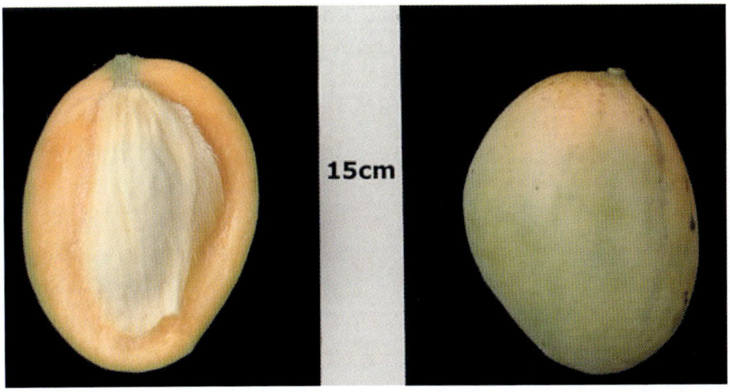

페어차일드

• 아이스크림(Ice Cream) : 과실이 익는 시기는 6~7월이며 수고는 2m 미만이고 내병성이 강하다. 그러므로 농약을 많이 사용하지 않아도 농장에서 대량 재배가 가능하다. 과일은 달고 입에서 부드럽게 녹으며 즙이 많다. 과일은 녹색이고 약 227g 정도로 작으며, 섬유질이 없어 식용하기 좋다.

아이스크림 망고는 소위 말하는 '콘도 망고' 종류 중에서 타의 추종을 불허할 정도로 선호도가 높은 품종이다. 이름 그대로 아이스크림과 같이 부드럽고 맛있는 품종이다. 마치 망고 빙수를 생각나게 하는 맛이다. 우리나라의 온실 재배에 적절한 품종이라고 생각된다.

아이스크림

• 란세틸라(Lancetilla) : 남부 플로리다에서 주로 재배하고 있으며 과실은 8~9월에 익기 때문에 만생종이다. 수고는 전정을 통하여 3m 이하로 유지할 수 있으며 강한 내병성을 지니고 있다. 과일은 단단하면서 당도가 높고 다즙성이며 평균무게가 0.9~2.27 kg 정도로 비교적 크다. 과피는 붉은 색이며 껍질이 두껍고 과육은 무섬유질이며 향기가 강하다. 온두라스(Honduras) 북부 연안에서 선발된 품종이다.

란세틸라

• 몰리카(Mallika) : 과실이 익는 시기는 6~7월이고 내병성이 강하고 감귤과 멜론 같은 단맛을 지니고 있다. 과실은 향기가 강하고 타원형이며 평균무게는 283.5~510.3g 정도이다. 과육은 섬유질이 없으며 노랑에서 핑크색을 지니고 있다.

몰리카 품종은 인도에서 육종된 '콘도 망고'로서 '니럼'(Neelum)과

'다쉐리'(Dasheri)의 교잡종으로 인도의 디저트용 망고로서 최고의 품질에 속한다. 과실의 색상이 변하기 전에 녹색의 성숙한 상태에서 수확해서 21.1℃(70°F) 이상의 온도에서 2~3주간 저장해야 정상적으로 익는다. 완전히 숙성한 다음에는 냉장고에 저장되어야 하지만 숙성되기 전에는 저장해서는 안 된다.

이 품종은 뛰어난 향, 비할 바 없이 강한 내병성, 작지만 매우 생산적인 특성 때문에 여러 나라에서 매우 선호되고 있다. 우리나라에서도 '콘도 망고'로서의 가능성이 매우 큰 것으로 보인다.

몰리카

• 남독마이(Nam Doc Mai) : 태국(Thailand)의 주요 조생종으로 고품질로 '로얄 망고'(Royal Mango)로 불리고 있다. 착화가 잘되고 수확적기는 5~6월이다. 산미(酸味)가 조금 있지만 단맛이 강한 품종으로 미숙한 상태에서도 단맛이 있다. 과피는 황색으로 녹색의 작은 반점이 많다. 과육은 황색으로 섬유질은 적은 편이고 과실 무게는 340~580g 정도이다.

남독마이

• 피커링(Pickering) : 좁고 제한된 공간에 식재할 수 있는 과수로서 매우 우수한 품종이다. 나뭇가지가 무성하면서도 빽빽하게 자라는 습성이 있지만 컨테이너에서 1.8m 정도의 키를 유지하면서 재배가 가능하다. 과일의 육질이 단단하고 매력적인 코코넛 향기가 나고 식용에 거북스러운 섬유질은 없다. 과일의 무게는 340~680g 정도인데 주로 6~7월에 익는다.

피커링

• 니럼(Neelum) : 인도 남부에 있는 타밀 나두(Tamil Nadu)[24] 지역이 원산지이다. 현재 인도 전역에서 재배되고 있으며 남부 중국에서도 재배가 가능하다. 과일의 품질이 좋으며 과실은 타원형으로 중간 크기이며 고품질이 장기간 유지되는 특색이 있다. 따라서 장기간 고품질 유지가 가능해서 원거리 수송에 적합한 품종이다. 과실은 타원형으로 중간크기이며 과피는 밝은 노란색이다. 과실의 중량은 255~341g 정도로 통통한 캐슈너트(cashew nut) 형태이고 과피가 매끄럽다. 과육에 섬유질이 없으며 얇게 슬라이스 또는 깍두기 모양으로 썰어서 과일 샐러드에 넣어서 먹을 수 있다.

만생종으로 장기간 유통이 가능한 장점이 있다. 그리고 재배되는 지역에서 수요가 많아 외부로 좀처럼 출하되기 어렵다. 성숙된 과일의 색이 초록일 때 수확해서 실내에서 숙성을 시켜야 한다. 나무의 크기가 작기 때문에 정원과 온실과 같이 현대 생산시스템으로 재배가 가능한 품종이다.

24 타밀 나두는 인도 남부의 주(州)이다. 독립 이전에는 벵갈(Bengal), 붐베이(Bombay)와 더불어 3대 행정구의 하나였지만, 인도 독립 후 1956년에 경계가 재조정되었다. 옛이름은 1948년까지 마드라스(Madras)주였다.

니럼

■ 금후 주목되는 품종

현재 일본에 도입되어 주목 받고 있는 품종으로 우리나라에도 향후 재배 가능성이 높은 품종을 소개하고자 한다.

▪ 라포자(Rapoza)

하와이가 원산으로 조생종으로 생산성이 좋다. 어윈(Irwin)의 실생에서 육종한 품종으로 섬유질이 거의 없어 녹는 맛이 최고의 품질이다. 과피는 적색이고 과육은 황색과 붉은색이 혼합된 등색(橙色)이다. 과실 무게는 500~900g 정도이고 나무의 생장은 좋다.

(http://www.agroforestry.net/tti/Mangifera-mango.pdf;
http://blog.rarefruitnursery.com)
라포자

■ 토벳(Torbet)

플로리다의 조생종으로 복숭아와 비슷한 형태와 색이 특징이다. 비교적 서늘한 아열대(亞熱帶) 지역에서 재배가 가능하고 맛이 양호하다. 과피는 황등색으로 일부는 붉은색이 혼합되어 있다. 과육은 황색으로 섬유질은 많지만 먹는데 거슬리지 않는다. 과실 무게는 360~440g 정도이고 과실은 둥근 형태이다.

(http://www.toptropicals.com/html/toptropicals)
토펫

■ 애플망고(Apple Mango)

애플망고는 어윈망고(Irwin mango)라고도 한다.[25] 껍질이 매우 얇은 것이 특징이고 잘 익으면 당도가 매우 높으며 즙이 많다. 그래서 껍질을 벗겨서 손에 들고 빨리 먹지 아니하면 달큼한 주스가 손과 팔로 흐르게 될 정도이다. 과육에 섬유질이 전혀 없으며 향기가 진하다. 핑크색이 감도는 사과 같이 생겨서 매우 예쁘고 매력적으로 생긴 망고이다. 과일의 무게는 대개 300~500g 정도이다.

(http://www.mylot.com/image/2092507.aspx;
http://www.flicker.com/photos/welmonte/24642998301)
애플망고

애플망고는 매우 세련된 고급 망고로서 예쁜 형태나 향 그리고 다즙이 우수한 특징이 있다. 현재 말레이시아, 필리핀, 타이완, 싱가포르, 호주, 미국, 아프리카 케냐 등지에서 재배되고 있고, 최근에는 인도에서도 도입하여 재배를 시도하고 있다.[26]

---

25 http://www.virtualmarket.asiafruitlogistica.com/index.php5?id=1194820&Action=showProduct&_js=false
26 http://quazen.com/recreation/food/mango-is-the-national-fruit-of-the-philippines/
http://www.21food.com/showroom/68833/product/Irwin-Mango.html

네덜란드인에 의해서 애플망고가 도입되어서 재배되기 시작한 타이완에서는 5~8월에 과일이 성숙한다. 매우 섬세한 과육을 지니고 있으며 단맛과 시큼한 맛이 잘 결합되어서 맛이 일품이다. 거기에다 당도는 12~15°Brix를 지닌다. 현재 타이완에서 가장 인기 있는 품종이다.

■ 품종 선택의 포인트

망고의 품종은 다양하지만 어떻게 재배 품종을 선택할 것인가를 설명하고자 한다. 이하는 '어윈'을 기준으로 설명하였다.

- 완숙 후 낙과 여부 : 망고에는 성숙기에 과실이 낙과하는 품종과 낙과하지 않은 품종이 있다. '어윈'은 성숙기가 되면 낙과하고, 이로부터 2~3일 동안 실온에서 후속시키면 맛이 더욱 좋아진다. 그래서 망고 생산자는 과실에 봉투를 싸거나 망을 씌워 낙과할 때 과실에 상처가 나지 않도록 해야 한다.

  대부분의 망고 품종은 착색하여 낙과하기 전에 과실은 이미 성숙되어 있다. 낙과하기 전에 수확하여 실온에서 후숙한 후 과실이 부드럽게 되면 먹는 게 일반적이다. 그러나 망고 품종은 착색하기 전부터 성숙되어 수확 가능한 것부터 착색 후 시간이 지나서 성숙되어 맛이 좋아지는 등 여러 가지 형태가 있다. 예를 들어 만생종인 '케이트'(Keitt)는 태양광선을 받게 되면 과실 표면(果皮)이 옅은 붉은빛을 나타내지만 성숙되어도 과피는 녹색을 띠고 있기 때문에 수확시기의 판단이 초보자에게 어렵다.

  수확이 늦어지면 과실 안의 종자가 발아하여 과육에 쓴맛을 유발시킨다. 반대로 빨리 수확을 하면 후숙 중에 과실이 시들어 저당도에 신맛이 나게 된다. 만약 판매되고 있는 망고(케이트 품종의 경우)의 맛에 신맛이 있다면 이것은 빨리 수확한 과실의 경우일 것이다. 그래서 '어윈'과 같이 성숙기에 낙과하는 품종이 생산자에게는 수확적기(收穫適期)의 판단이 쉽다. 봉투를 씌우는 등의 번거로운 작업이 필요하지만 봉지를 씌우는 동안에 예상 수확량을 파악 가능하고 판매계획을 세우는데 도움이 되는 장점도 있다.

- **향기와 과육조직** : 망고에는 독특한 향 테르펜(terpene)[27]이 있다. 망고를 처음 접하는 사람은 이 망고향기를 싫어하는 경우가 많기 때문에 처음에는 향기가 적은 품종부터 먹는 게 좋을 것이다. 그러나 이러한 향기에 익숙해지면 망고에 이러한 냄새가 없으면 어딘지 부족하게 느끼곤 한다.

  망고에는 달콤한 향기가 있고, 이 향기가 강한 품종과 약한 품종이 있다. '어윈'은 달콤한 향기가 강하여 현재 많은 사람들로부터 사랑을 받고 있는 품종 중의 하나이다.

  식감(食感)과 밀접한 관계가 있는 과육의 조직량은 품종에 따라 다양하다. 라포자와 같이 섬유조직이 없는 품종의 식감은 젤리와 같이 분해되어 녹는 것 같다. 이러한 품종은 수송이 어렵다. 이와 반대로 '헤이든'의 경우에는 다소 섬유조직이 있어 먹을 때 조금 신경이 거슬린다. 따라서 식감과 이동성을 고려한 경우에는 역시 '어윈'이 적합한 품종이라 생각된다.

- **저온 결실** : 생산자에게는 결실성, 즉 수확량이 가장 중요하다. 맛이 아무리 좋은 품종이라도 결실하지 않으면 아무런 소용이 없다. 예를

27 동식물에 널리 분포되어 있는 탄화수소를 말한다.

들어 일본 오키나와와 기온이 비슷한 미국 플로리다에서는 고온조건에 적합한 인도계(系)의 망고 결실량이 적다. 그래서 맛이 좋은 '에드워드'는 플로리다에서 인기가 있음에도 불구하고 습도가 높은 플로리다에서 결실되기 어렵고 건조한 남미에 적합한 품종으로 알려져 있다. 이처럼 망고는 기온뿐만 아니라 습도도 결실에 영향을 미치고 있다.

오키나와에서는 온도를 가열하지 않은 온실에서는 몇 종류의 품종을 시험적으로 재배하였고, 그 중 '어윈'의 결실이 가장 좋아 이 품종이 오키나와에서 재배되기 시작하였다. 그러나 미야자키현(宮崎県)과 같이 가열을 하는 온실하우스에서는 비교적 고온에 적합한 품종도 높은 결실률을 기대하여도 좋을 것이다. 난방비를 경감하기 위해서는 가능하면 저온에서 결실되는 품종을 재배하는 것이 적합하리라 생각된다. 스페인령(領) 카나리아제도(Canary Islands, 아프리카대륙 북서연안)는 망고 재배에 저온 지역에 속하지만 '어윈' 등과 같은 품종은 비교적 좋은 결실을 보이고 있다.

• **붉은 과피 품종** : 망고의 과피는 품종에 따라 다양한 색을 지니고 있지만 붉은색을 띠는 망고가 인기가 좋다. 그러나 같은 품종일지라도 결실되는 위치에 따라 색의 차이가 발생된다.

'어윈'은 유과기(幼果期)에 충분한 태양 빛을 받지 않으면 안토시안색소가 형성되지 않기 때문에 개화 전부터 화방을 수관보다 위로 끌어 올리는 유인작업을 하고 있다. 또한 불량하거나 어린 과실을 적과(摘果)하고 상품가치가 있는 과실을 수관 밖에 매다는 '과실 매달기'(fruit suspending) 작업을 하여 과피의 적색을 증가시키는 작업도 실행하고 있다. 이렇게 해도 과실의 아랫부분은 광선량이 부족하여 클로로필(chlorophyll, 엽록소)의 녹색이 남아있기 쉽다. 그래서

(http://www.alumnitravel.utoronto.ca/image/explore/maps/canary-Islands-map.jpg)

카나리아 제도

어떤 농가에서는 복숭아와 사과 등에서 사용하고 있는 반사필름 멀칭(mulching)[28]을 수관아래에 깔고, 과실의 착색이 원활히 촉진되도록 유도하기도 한다.

태국에는 '남독마이'라고 하는 황색계열의 품종이 있다. 이 종도 클로로필의 녹색이 완전히 없어지지 않으면 상품가 치가 떨어진다. 그래서 안이 검정색인 봉지를 과실에 씌워 재배하여 수확 후 후숙과정에서 녹색이 균일하게 없어지도록 하고 있다. 이러한 기술은 타일랜드에 도입하여 현지 농가로부터 좋은 평가를 받고 있다.

28 경작지에서 반사율을 높이기 위해 작물의 뿌리 주변을 덮는 필름을 말한다.

• **과중(果重) 400~500g** : 소매자가 취급하기 쉬운 망고의 크기는 대략 400~500g의 과실이다. 그러나 비싼 가격에 판매되기 위해서는 500g 이상의 크기가 필요하다. '어윈'은 1과실 당 340~450g의 무게가 나가는 품종이지만 결실량이 조금만 증가하여도 400g을 초과하지 않기 때문에 소매자가 원하는 크기를 생산하기 어려운 단점이 있다.

과실의 외관이 '어윈'과 비슷한 '파머'(palmer)라는 품종이 있는데, 이 품종은 과실의 무게가 500~850g 정도이다. 이와 같이 크기가 큰 품종을 재배하는 경우 소매자가 원하는 500g 전후의 과실을 쉽게 생산할 수 있기 때문에 생산자에게 보다 유리할 것이다.

(http://toptropicals.com/pics/garden/09/mango/palmerp6133135.jpg)

파머

Chapter 03

망고의 생육특성

동남아시아에서는 수고(樹高) 25m 이상, 수관폭 20m가 넘는 망고를 흔히 볼 수 있다. 인도에서는 여행객에게 나무그늘의 휴식처를 제공하기 위해 가로수로 수고 35~40m의 망고를 관리하고 있을 정도로 그늘을 만들기 위한 좋은 수종이다. 이처럼 생장이 빠르고 수세가 강한(强樹勢) 망고를 우리나라에서는 비닐하우스라는 제한된 공간에서 재배하지 않으면 안 되기 때문에 재배가 쉽지 않다.

이미 살펴본 대로 수고가 작은 '콘도 망고'와 같은 우량품종이 있다. 물론 현재 주력 품종인 어윈의 수세는 중간정도로 수고가 작다고 할 수는 없다. 그렇기 때문에 이러한 품종은 가지정리 등으로 수관을 작게 유지하는 노력을 하지 않으면 안 된다.

■ 생육특성

▪ 어린나무(幼木)

정식(定植)[29]후 가지 선단부(先端部)[30]에서 신초(新梢)가 연 2~4회 신장하며 수관을 확대시킨다. 유목의 육성은 2~3년 정도가 소요되고, 정식 후 3년차부터 착과되기 시작한다. 한편 일부에서는 미결실 기간을 단축시키기 위하여 접목묘를 정식하는 방법도 사용하고 있다.

▪ 결과수(結果樹)

영양생장기(8~10월) : 과실 수확 후 나무는 체내 동화양분이나 무기양분이 현저히 소모된 상태이다. 그렇기 때문에 수확 후에는 전정(剪定)을 실시하고, 시비와 관수를 통하여 신초발생을 촉신시킨다.[31]

수확 후에 발생한 신초는 무성한 잎을 형성(展葉)하고 양분을 축적하면서 결과지(結果枝)로 자라게 된다. 또한 결과지가 충실해지도록 발생한 신초는 수세에 맞게 눈솎기를 하여 1~3본 정도로 조정해 줌으로써 많은 양분이 집적되도록 한다.

화아분화기(11~12월) : 수확 후부터 신장되어 경화(硬化)한 신초는 기온이 저하되면 영양생장이 정지한다. 이 시기가 영양생장(주로 길이 생장)에서 생식생장(주로 꽃눈 형성)으로의 전환기이다.

출뢰기(1~2월) : 정아가 부풀어 오르고 화아(花芽)가 확인되기도 한다. 이 화아는 잎눈(葉芽) 보다 짧고 통통하다. 기관 형성은 일반적으

---

29 묘포장에서 키운 어린 나루를 밖에 심는 일을 말한다.

30 가지의 끝부분을 지칭한다.

31 망고의 생육 특성에 관련된 자료와 사진은 농촌진흥청 제주특별자치도농업기술원 농업기술정보 자료(http://www.agri.jeju.kr/agriculture/fruit.html)를 참고하였다.

로 턱에서부터 시작되며 화관, 수술로 이어지고 마지막에 암술이 생긴다. 턱이나 화관은 생식에 직접 관여하는 수술과 암술이 성장할 때까지 닫혀서 꽃눈의 내부를 보호하는 작용을 한다. 이 시기에는 하우스 관리나 병해충에 특히 주의가 필요하다.

(http://www.forums.gardenweb.com/cafe/forum/68651.html)
출뢰기

개화결실기(3~4월) : 지역이나 품종에 따라 차이가 있지만 3월경에 만개하는 경우가 많다. 기온변화, 즉 저온(低溫)이나 과도한 고온(高溫)은 개화 결실에 나쁜 영향을 주므로 온도관리에 주의가 요구된다. 또한 어린 과실의 원만한 생장을 위해서 일조량 확보도 중요하다.

개화결실기(만개기)

과실 비대기(5~6월) : 이 시기가 되면 유과(幼果)의 낙과(불임과(不姙果)의 생리낙과)현상을 볼 수가 있다. 통상적으로 1개월 정도 낙과가 지속되고 이후에는 하루하루 과실이 비대해진다.

과실 비대기

과실 수확기(7~8월) : 비대해진 과실은 성숙기가 되면서 적색을 띠게 되는데 수체의 양분소모는 계속되므로 엽색은 황록색으로 변한다.

과실수확기(성숙기)

■ 재배포인트

▪ 뿌리

10m 이상 성장하는 직근(直根)[32] : 망고의 원산지에는 우기와 건조기가 있고, 수목은 우기의 홍수에 의한 토양 중의 산소결핍과 건기의 토양 건조에 견디지 않으면 안 된다. 이를 위해 망고는 수분과 산소농도가 변화지 않는 토양 깊은 곳에 직근을 성장시키는 성질을 가지고 있다.

이런 직근에 비해 표층에 분포하는 세근(細根)[33]의 수는 적다. 세근은 양분 흡수를 담당하기 때문에, 이것이 적으면 생육에 필요한 영양소를 흡수할 수 없게 되어 과실 생산량이 저하된다. 하우스재배에서는 직근을 수평(橫)으로 자라게 하고, 보다 많은 세근을 표층에 발생시킬 필요가 있다. 예를 들어 방근(防根)시트[34]를 땅속에 깔고 그 위에 망고 묘목을 정식해, 나무가 크게 자라지 못하게 스트레스를 준다. 동시에 적절하게 관수를 실시하면서 세근이 고사되지 않도록 하는 게 중요하다. 그렇기 위해서는 토양 표면에서의 유기물 비료의 시용이 유효하다.

봄 · 여름 관수는 생산안정의 포인트 : 망고는 건조에 강해 강우와 관수가 없더라도 8개월 이상 살수 있다고 보고된 바 있다. 망고의 가지와 과실에 상처가 나면 수액이 나오는데 이것이 건조에 의한 잎의 수분 스트레스를 경감시켜주는 역할을 하고 있다. 이 수액 중에는 주로 테르펜(terpene), 페놀(phenol), 탄수화물의 점액이 포함되어 있는데 건조가 긴 지역에서 자라는 망고에서 테르펜 향기가 강하다. 그러나 일

---

32 땅속으로 곧게 내리는 뿌리이다.
33 굵은 뿌리에서 돋아나는 작은 뿌리들이다.
34 수목의 뿌리가 땅 속으로 깊게 침투하는 것을 막기 위해 설치하는 시트이다.

반적으로 하우스 재배에서는 화아의 발아부터 발육, 개화·결실과 과실 비대 시기는 토양의 건조를 방지하는 관수가 필요하다.

어원의 포토(pot)재배 시험에서 수분 스트레스 상태가 결실에 미치는 영향을 조사한 결과, 결실률은 무(無)스트레스 시험구에서 8%였고 유(有)스트레스 시험구는 4%였다. 또한 과실의 크기도 스트레스가 없는 시험구가 스트레스가 있는 시험구보다 2배 컸다. 따라서 봄부터 여름까지 관수에 의한 토양수분 유지는 망고 생산안정에 중요한 포인트이다.

■ 신초 생장

신초는 수세(樹勢)회복의 중요 역할 담당 : 망고는 고온과 적정한 토양수분이 유지된다면 새로운 가지(新梢) 발생이 1년에 2~3회 반복하면서 자란다. 그래서 망고는 수고 40m 이상 생장하는 거목(巨木)이 된다. 만약 열대에서 관수를 한다면, 즉 수분 유지를 일정하게 한다면 망고는 상상할 수 없을 정도로 크게 자랄 것이다. 그러나 건조기에 개화하고 과실 생산을 행하기 때문에 나무의 생장은 억제된다.

망고의 신초는 봄의 개화로부터 여름의 과실 수확까지는 과실 생산을 위해 생장이 억제되고, 수확 후에 양분을 축적한 후 새로운 가지를 생장시킨다. 수확 후에는 수분과 비료를 충분하게 제공하여 새로운 가지를 충실하게 생장시키고 새로운 화아분화(花芽分化)[35]를 유도할 필요가 있다.

신초 생장은 2회 이내로 조절 : 과실 수확 후, 새로운 가지는 길이 생장을 멈추고 양분을 축적하면서, 선단부(先端部)의 정아(頂芽)를 발달

35 식물이 생육 중에 영양 조건과 기상조건 등이 만족되어 꽃눈을 형성하는 일

시키면서 또 다시 새로운 가지 생장을 시작한다. 이처럼 망고는 선단부의 가지가 계속 성장하는 성질(정아우세)이 강하기 때문에 금방 하우스 천정을 닿을 것이다. 그래서 수확 후는 결실된 가지를 1번째 가지(신초가 1회의 발아에 생장한 길이)부터 2번째 가지까지 절단한다. 이렇게 하면 선단부에서 신초가 발생하고(그림①), 그 가지가 충실해지면 2번째 가지의 발아가 시작(그림②)되어 다음 해에 가지의 끝부분에서 꽃이 핀다(그림③). 그러나 간혹 열대지방에서는 가을에 온도가 높으면 꽃을 피우지 않고 신초가 발생하는 경우가 많다. 이렇게 3번째 가지가 형성된다면 충분한 양분을 축적할 수 없어 꽃을 피우지 못하게 되며, 또한 과실을 생산할 수 없게 된다. 따라서 수형 조절과 매년 과실 생산을 위해서는 3번째 가지 형성을 막아야 한다.

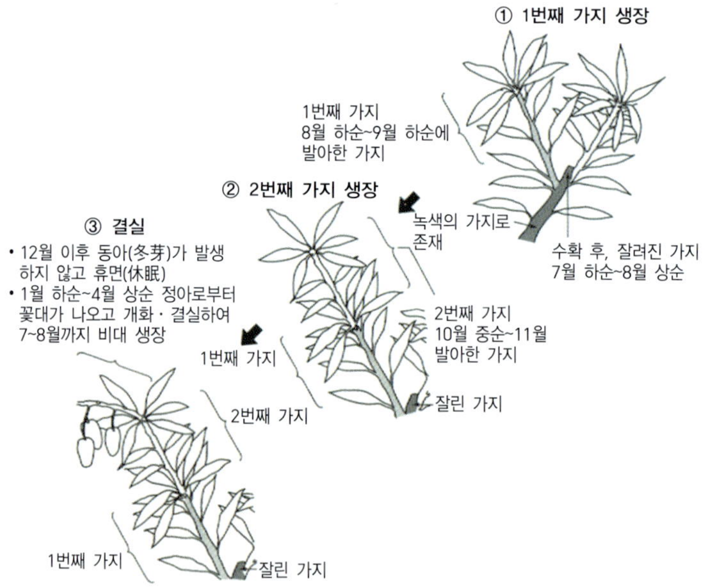

자료 : 新特産シリ-ズ マンゴ- 完熟果栽培の実際(米本仁巳, 2008).

망고의 결실습성

가지는 수평으로 유인하고 꽃눈 형성 : 시설재배시 시설 높이는 대략 3.5~4.0m 정도이다. 그렇기 때문에 망고는 수형 조절을 통하여 가능하면 작게 키워야 한다. 지상 약 30cm의 줄기(主幹)에서 발생하는 주지(主枝)를 거의 수평으로 펼치고, 또한 그 주지부터 나오는 가지들도 수평을 펼쳐서 수형을 지상 1m 정도에 머무르게 해야 한다.

앞에서 설명한 바와 같이 망고는 수확 후에 수세회복을 위해 2회 정도 신초 발육은 괜찮지만, 3번째 신초가 발생되면 화아(花芽) 발생은 기대할 수 없다. 그런데 2번째 발생한 가지를 수평으로 유인하면 3번째 신초 발생을 억제할 수 있고, 가지에 양분을 축적시켜 화아 분화를 유도할 수 있다. 이 유인작업은 노력이 많이 필요로 하고, 성목 1그루를 성인 2명이 작업한다면 1시간 정도 걸린다. 또한 화아가 나오면 이번에는 그 화방(花房)을 철사로 유인하여 위로 올려 통기를 좋게 하고 햇빛을 충분히 받도록 한다. 더불어 곤충에 의한 수분(受粉)도 잘 이루어지고 병해충 방제 및 관리도 용이하다. 이러한 작업은 망고 재배에서 중요한 사항이다.

(http://www.miyakojimamango.com/index.php)

수형(樹形) 조절에 의한 하우스 재배

미결실 가지 신초의 예비가지 준비 : 모든 화방(花房)이 결실되지 않는다. 결실되지 않은 화방은 떨어지고, 그 기부주위(基部周圍)에서 신초가 자란다. 만약 신초가 자라는 것을 방치한다면 신초가 과실을 덮어 생육과 착색을 방해할 것이다. 그래서 이 신초를 잘라서 강한 신초로 만들어 다음 해 결실을 위한 가지(結果母枝) 즉 예비가지(豫備枝)로 기른다.

결과지는 과경(果梗)[36]가지까지 절단 : 결과지의 과병(果柄)은 기부에서 분리되어 낙하하고, 그 기부주변에서 신초가 자란다. 이 신초가 자라는 것을 그냥 내버려두면 수관이 점점 확대되기 때문에 수확 후에는 가능하면 빠른 시일 내에 결실한 2번째 가지가 생장한 부분까지 절단해야 한다.

■ 개화(開化) 특성

망고의 꽃은 가지의 선단부에서 피는데 이것은 옻나무과의 특징이다. 겨울철에 5℃ 정도의 저온에서 월동하는 개체에서는 줄기의 옆쪽 기부의 상부에 생기는 눈 즉 액아(腋芽)에서 꽃이 피는 경우도 있다.

망고의 꽃은 양성화, 웅성화, 단성화로 이루어져 있는데 동일 화방에서 혼재한다. 꽃색은 품종에 따라 황록색, 황백색, 담홍색(淡紅色)을 나타내며 꽃의 직경은 7~8mm, 꽃잎은 5~6개이다. 양성화의 비율은 53%이지만, 그 중 완전한 양성을 갖춘꽃은 매우 적다.

양성화는 암술이 하나이고, 수술은 5개이지만 4개는 불임성(不稔性)이고 그 중 한 개가 임성(稔性)[37]이지만 때로는 잘 발달된 2개의 임성을 지닌 수술을 갖고 있는 꽃도 있다. 화상(花床)의 위에 직경 1.5~

36 과병과 같은 의미로 열매의 꼭지를 지칭한다.

37 임성이란 식물이 유성생식으로 씨앗을 만드는 능력이 있는 것을 말하며, 불임성에 반대되는 말이다.

2mm의 구형인 자방이 있고, 꽃은 향기를 내어 수분이 되게 하는 충매화이다.

망고나무의 개화 모습(말레이시아)

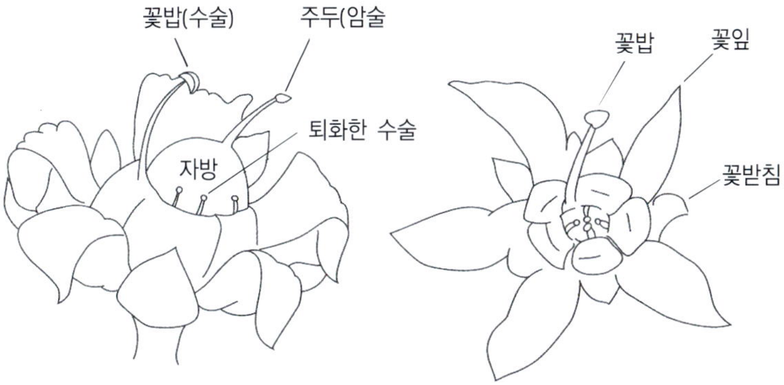

<양성화(兩性花)> <웅화(雄花)>

자료 : 新特産シリ-ズ マンゴ- 完熟果栽培の実際(米本仁巳, 2008)

꽃의 구조

■ 결실과 발육

한 개의 화서(花序)에서 많은 작은 꽃들이 피지만 결실되는 것은 1개 내지 수개 정도이다. 따라서 결실은 꽃이 피는 수에 비해 매우 적다. 품종에 따라서 처음에는 많은 양이 결실되지만 무핵과가 많고 또한 과실의 비대생장기에 많이 낙과된다. 무핵과 과실는 복부(腹部) 부위가 움푹 파이기 때문에 육안으로 쉽게 구분할 수 있다.

개화기 때 하우스 천장에서 관수를 하면 결실률이 떨어지므로 개화기에 관수는 유의해야 하며 시설 내에서 매개곤충 방사가 잘 되어 한 화방에서 많은 과실이 맺히기도 하므로 이때는 적과(摘果)를 해야 한다.

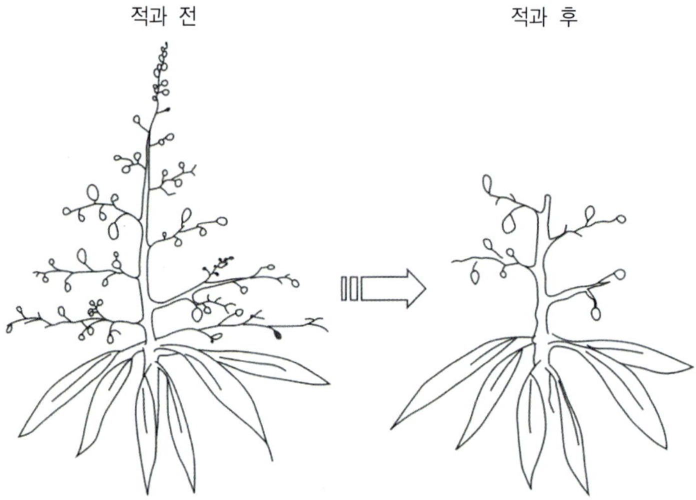

자료 : 新特産シリーズ マンゴー 完熟果栽培の実際(米本仁巳, 2008)

적과 작업

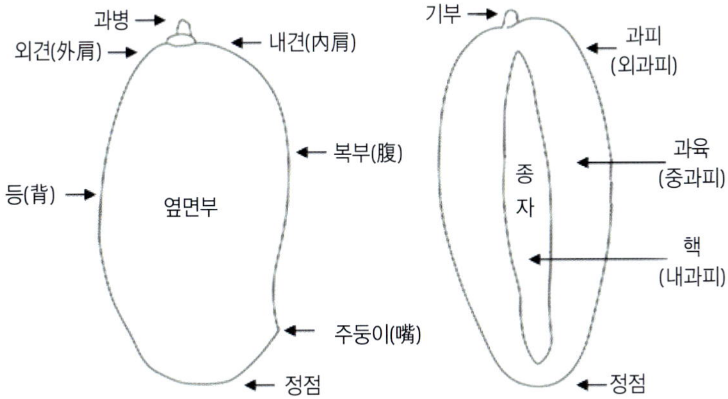

과실 옆면부(좌)와 종단면(우)

Chapter 04

망고 재배 및 생산

재배환경

■ 기온

망고는 열대와 아열대성 과수이기 때문에 기본적으로 따뜻한 기후를 좋아하며 생육에 적합한 기온은 24~27℃로 알려져 있다. 18℃ 이하가 되면 생장이 둔해지고 10℃이하에서는 신초나 화방신장이 정지한다. 특히 5℃ 이하가 되면 짧은 시간 노출에도 동해의 피해를 받아 어린나무는 고사하게 되므로 특별한 주의가 요구된다. 과실의 생장기에는 기온이 높고 일조시간이 길어야 비교적 품질이 양호해지나, 37℃ 이상에서는 고온장해(高溫障害)가 발생한다. 특히 46℃가 넘으면 생장이 정지된다. 그러므로 평균 최고 온도는 27~36℃의 범위를 유지해야 한다.

개화 유도 : 망고는 낙과가 잘 일어나기 때문에 다른 과수에 비해 단위면적당 수확량이 작다. 아열대 지역의 망고는 온도가 개화를 촉

진하는 중요한 인자로 작용한다. 기온이 낮을수록 개화가 잘 일어나는데 인도의 란그라(Langra) 품종을 8시간의 단일 처리로 개화를 유도했으나 실패하였고, Nunez-Elisea와 Davenport는 주간온도가 18℃, 야간온도가 10℃일 때 개화가 유도되는 결과를 도출[38]하였다. 헤이든 품종은 온도(주간/야간)가 23/19℃와 25/19℃에서 각각 개화율이 87%, 60%이었으며, 31/25℃에서는 개화가 일어나지 않고 식물체가 생장하였다. 또한 지온(地溫)이 25℃ 이상이 되면 개화가 억제된다. 이는 개화 유도 물질의 경우 지온이 높아지면 뿌리에서 지상부로 이동이 어려워져 개화가 억제된다고 알려져 있다.

화기(花器)[39]의 발육과 수분 : 화기의 생장과 발육은 일반적으로 12~15℃ 이하에서 영향을 받는 것으로 보고되고 있다. 또한 온도의 영향에 따라서 웅성화(雄性花)[40]와 양성화(兩性花), 즉 쌍성꽃의 비율이 결정된다. 온도가 높을수록 개화가 늦어지고 양성화가 나올 비율이 높아진다. 예를 들어 켄싱턴 품종의 경우 일평균기온이 15℃ 이하에서는 암술대의 길이가 60% 정도 저하되어 착과율이 현저하게 떨어진다.

■ 수분(水分)과 햇빛

망고는 심근성(深根性)이므로 어느 정도의 건조에는 내성이 있지만 세근이 적고 수분을 흡수하는 힘이 약하기 때문에 과도한 건조는 수세를 약하게 하고 결실량을 저하시키는 원인이 되고 있다. 과실의 비대와 결과모지(結果母枝) 즉 예비지(豫備枝)를 육성하기 위해서는 충

38 http://blog.naver.com/leeo1965?Redirect=Log&logNo=70034233419

39 꽃 또는 꽃의 기관들을 말하며, 꽃은 화엽, 화탁, 암술, 수술 등의 기관으로 되어 있다.

40 웅성화(雄性花)는 수꽃(male flower)으로 변하는 것을 의미한다. 반대로 자성화(雌性花)는 암꽃(female flower)으로 바뀌는 것을 말한다.

분한 관수(灌水)가 필요하다.

생육과 과실생산 : 높은 습도는 곰팡이병, 탄저병 등을 야기하기 때문에 생육과 과실 생산에 큰 제한 요인으로 작용한다. 탄저병은 잎에 피해를 주며 화기(花器)를 고사시켜 착과량(着果量)을 감소시키고, 과실에 반점을 형성하여 품질을 저하시킨다.

햇빛 : 망고는 호광성(好光性) 과수로 정상적인 생육을 위해서는 충분한 햇빛이 필요하다. 통상적으로 일조량이 좋은 곳은 개화가 빠르고, 개화 결실도 양호한 것으로 알려져 있다.

■ 토양, 바람 및 염류

토양 : 망고는 토양의 종류에는 크게 구애 받지 않으나 토층이 깊고 배수가 양호한 토양이 적합하다. 만약 지하수위가 높은 곳이나 배수가 좋지 못한 토양에서는 배수대책이 중요하다.

토양 pH는 5.5~6.5가 좋으며 pH가 낮아지면 과실의 착색이 불량해지고 반대로 높아지면 철, 아연 등 미량요소 결핍증이 발생하기 쉽다. 망고는 숙성 과정에서 과실 내부의 품질에 영향을 주는 생리적인 장해를 받기 쉽다. 예를 들어 과실 내부의 칼슘의 함량이 적으면 말단 부분의 연화, 젤리 종자, 스펀지 조직, 과병부 썩음 등의 장해가 나타난다.

바람 : 망고의 생육과 과실의 비대에 있어서 바람의 영향은 거의 받지 않는다. 그렇지만 강한 바람은 과실의 잎과 과실에 손상을 끼쳐 박테리아 흑반병 발병의 원인이 된다. 바람의 작용을 억제하는 차폐(遮蔽)시설 내에서 재배한 망고는 성장 속도가 빠르고 상처를 통해 감염

하는 병균의 발생을 억제시킬 수 있다.

염류(鹽類) : 망고는 염류에 민감하게 반응한다. 염류 장해가 발생하면 잎의 끝과 가장자리가 타들어가고 잎이 뒤틀리거나 떨어지면서 생육이 감퇴되며 결국 식물체가 고사하게 된다.

■ 과원(果園) 관리

▪ 착화촉진

신엽 충실 : 수확 이후에 발생하는 신초가 신장하여 잎이 나오면 신초 발생이 정지된다. 이 시기부터 광합성으로 생산된 동화양분은 축적되어 화아분화를 준비하지만, 충분한 양분을 축적하지 못하면 화아가 발생되지 못하거나 약한 꽃이 된다. 따라서 가지의 유인이나 전정으로 모지(母枝)가 될 가지에 충분한 햇빛이 들어오도록 하고 광합성을 촉진시킨다.

화아분화 : 망고의 화아분화는 온도 영향이 가장 크며, 기온 20℃ 이하의 저온에서 화아분화를 촉진한다. 그러나 출뢰기에는 고온에 주의하여 하우스 온도가 25℃ 이상 되지 않도록 노력해야 한다. 야간에는 화아의 발아 신장을 촉진시키기 위해 18℃ 이하가 되지 않도록 보온해야 한다.

그리고 화아분화를 위해서 토양건조의 조건이 필요하다. 그래서 화아분화기에는 관수를 중단하여 토양이 약간 건조상태가 되도록 하는데 망고는 다른 과수에 비해 세근이 적기 때문에 과도한 건조로 인한 스트레스와 착화불량으로 이어지지 않도록 주의한다. 화아분화의 조건은 우선 가지를 충실히 하고 온도에 의한 화아분화 유도, 그리고 토양건조는 보조적 수단으로 이용한다.

■ 착과촉진

화수(花穗)[41] 매달기 : 화수가 자라게 되면, 그 무게로 밑으로 처지게 되므로 화수 매달기를 한다. 화수 매달기를 하지 않을 경우, 충분한 일조 확보가 되지 않아 착과불량의 원인이 되고 착과되어도 품질이 나빠진다.

온도관리 : 화분을 방출하기 위해서는 20℃ 이상의 온도가 필요하며, 20℃를 이하에서는 화분이 고사되는 경우가 많다. 화분은 20~30℃에서 발아율이 높고 35℃ 이상에서는 거의 발아하지 않는다.

곤충을 이용한 수분(受粉) : 망고는 충매화로써 결실을 위해서는 곤충이 필요하다. 그래서 개화기에는 벌이나 기타 곤충 등을 하우스 내에 방사하여 결실을 촉진시키는데 방화(芳花)곤충의 활동이 활발하도록 온도관리가 필요하다.

■ 적과(摘果) 및 품질관리

적과의 주된 목적은 생리낙과의 경감, 과실 품질 향상, 과실 비대 촉진 등이다. 가능하면 빠른 시기에 적과를 실시하면 효과가 높아진다. 적과는 아랫부분의 가지와 약한 가지의 화방, 수관(樹冠) 내부의 화방, 상품가치가 떨어지는 화방 등을 제거한다. 그리고 기형과실을 제거하고, 생리낙과 후에는 상처와 병해충의 피해가 있는 과실과 착색이 나

41 한 개의 꽃대에 무리 지어 이삭 모양으로 피는 꽃을 말한다.

쁜 과실을 제거한다.

솎음전정 & 과실 매달기(Suspending) : 미결과지나 빈약한 가지는 일찍 솎아주는 게 좋다. 전정을 하게 되면 수관 내부까지 햇빛이 투과되어 과실의 착색을 좋게 한다. 또한 불필요한 가지를 정리하면 통풍을 좋게 하고 병해충 피해를 경감시킨다. 유목기의 주지, 아주지의 육성은 그 후의 생육수량에 크게 영향을 주므로 주의가 필요하다. 봄철에 지제부 60~70cm 위치에서 수평에 가깝고 큰 가지를 2~3개 선정하여 주지로 한다. 주지(主枝)의 선정조건은 다음과 같다.

- 충실하고 두꺼운 가지
- 기부와 선단의 밸런스가 양호한 가지
- 강하게 유인하면 기부에서 찢어질 경우가 있으므로 수평에 가까운 가지

선발한 주지를 주간부에서 1~2절 남기고 절단하여 아주지(芽主枝)가 될 가지를 발생시킨다. 수세가 양호하지 않을 경우 절단한 가지에서 많은 신초가 발생할 수 있는데 눈 솎기를 하여 2~3개로 조정한 후 충실한 가지를 만든다. 발생한 아주지는 당년에는 충실하게 키우는데 충실한 가지에서 착화하는 경우도 있지만 착과시킬 경우 수세가 현저히 약화되므로 화방을 솎는다. 화방을 솎는 시기가 빠를 경우 바로 밑의 액아에서 재출뢰하는 경우가 있으므로 3월 하순 이후에 솎는다. 다음해 봄에 전년도에 생장한 아주지를 2~3절 남기고 절단한다. 절단하는 시기가 빠르면 발생하는 가지가 4~5절까지 신장하므로 5~6월이 좋다. 절단한 후에 발생하는 신초는 1~3개로 조정하여 충실히 키운다.

전정으로 낮은 수형(樹形) 유지(말레이시아)

망고는 햇빛을 좋아하는 식물로 하우스 피복자재는 필요할 때 이외에는 제거하는 게 바람직하다. 일반적으로 수확 후부터 화아분화 시기까지는 충분한 햇빛이 투과되도록 관리하는 것이 좋다.

망고는 수세가 강하여 착과가 나쁜 나무나 유목에서는 연간 4~5회까지 신초가 발생하여 1m 이상 신장한다. 따라서 시설에서 망고를 재배하기 위해서는 강한 전정이 필요하다고 생각한다. 하지만 적당히 착과시킨 나무의 경우 수관 성장이 저하된다. 그래서 시설 내에 망고를 재배하는 경우에는 전정에 의한 적정 착과에 의해 수세가 안정되도록 하는 것이 중요하다. 강한 전정은 수세를 불안정하게 만들어 영양생장을 촉진시키기 때문에 수형개조나 축벌(縮伐) 등 특별한 경우를 제외하고는 삼가는 게 좋다.

전정은 봄과 가을에 실시하는게 적당하다. 봄 전정의 주목적은 착화가 없는 가지를 절단하여 예비지(豫備枝)로써 다음해 모지를 육성하는 것과 도장지(徒長枝)나 내향지(內向枝)를 솎아주어 과실에 일조(日照)가 많아지도록 하는 일이다. 이 시기에 절단한 가지는 3~5회 신초가 발생하는데 약간 강하게 절단함으로써 수세나 착과량 조절을 위해 1~3개 정도로 신초를 조정한다. 전정하는 가지의 양은 전체 가지의 20~30% 정도로 하고, 만약 충분하지 않은 경우 착과지에 대해서도 절단하여 예비지로 육성한다. 아랫부분에 위치한 가지(下樹枝)나 약한 가지는 예비지로 이용하기보다는 수형이나 수세에 따라서 솎아주는 게 좋다.

수확 후 바로 하는 전정은 수관을 확대할 것인가 또는 확대할 필요가 없는 것인가에 따라 그 정도가 달라진다. 전정 시기가 늦은 경우와 수세가 약한 경우에는 전정을 약하게 한다. 또한 수관이 확대되지 않은 부분은 약간 강하게 전정하여 신초의 발생을 유발시키며 반대로 수관의 확대가 충분한 경우는 약한 전정이나 무전정(無剪定)으로 신초의 발생을 제한하여 수관의 성장을 조절한다. 이외의 시기에는 가늘고 약한 가지나 내향지, 도장지 등을 솎음전정 등을 통해 불필요한 가지를 정리한다. 불필요한 가지 성장을 제한하여 영양을 집중시키면 충실한 모지의 육성과 함께 고품질의 과실생산도 가능해진다.

과실 매달기는 과실이 정상적으로 생장하지 않고 가지가 아래로 쳐져 있는 곳의 과실이 햇빛을 잘 받을 수 있도록 매달아 주는 것이다. 과실 매달기는 햇빛이 부족하여 과실의 생육이 좋지 못한 경우에 실시한다.

망고 과실 매달기

봉지 씌우기 : 과실이 암자색(暗紫色)으로 변할 무렵 과실에 피해를 주는 탄저병, 깍지벌레, 먼지응애, 총채벌레 등의 병해충을 예방한 후 봉지를 씌워 과실을 보호한다. 봉지 씌우는 시기가 빠라면 과실의 색이 예쁘게 착색되지 않아 품질이 저하된다. 반대로 봉지 씌우기가 늦어진 경우는 과실에 상처와 병해충의 피해가 발생하기 쉽거나 햇빛으로 인한 화상 피해인 일소과 등이 발생하여 품질이 저하된다. 봉지 씌우기는 과실의 생육상황과 기상조건 등에 따라 다르지만 성숙 전 과실이 자줏빛으로 변화하는 시기에 실시한다.

■ 토양 및 수분 관리

망고는 세근이 극히 적은 과수로 양분과 수분을 흡수하는 능력이 약하다. 그러므로 이러한 나무를 건전하게 유지하고 안정적으로 생산을 지속시키기 위해서는 뿌리 관리와 토양수분 관리가 중요하다.

토양 : 완숙퇴비와 부초[42] 등으로 지표면을 덮어 건조를 방지하여 세근의 활성화를 유지한다.

객토 : 수목 주위에 토양이 적으면 배양토 등으로 객토한다.

중경 : 작물의 생육 도중에 작물 사이의 토양을 가볍게 긁어주는 작업(중경)을 실시하고 퇴비나 토양개량제를 투입하여 세근의 발생을 촉진시킨다.

신초 : 신초의 생장, 과실비대, 착과촉진을 위하여 토양의 건조를 피하고 적당한 수분유지가 필요하다. 특히, 과실이 급격히 비대생장하는 시기에 건조가 심하면 과실비대를 나쁘게 하고 생리낙과 발생이 증가한다.

■ 시비(施肥) 관리

열대지방에서 망고의 경제적 재배는 각 지역의 기상, 토양, 사회경제적 조건 등에 의해 다양한 시비방법이 적용되고 있다.

미결실기(未結實期) : 1년생 망고는 1년 동안 질소 75g, 인산 110g, 칼륨 55g이 필요하고, 이 비료배합으로 결실기까지 시비를 해야 한다. 이중 질소 성분의 50% 정도는 퇴비(堆肥) 등의 유기질을 사용하는 게 좋다고 하며 인산의 공급을 위해서는 골분(骨粉) 2.5kg정도 시용하는 것을 추천하고 있다.

결실기 : 일반적으로 망고가 결실기에 들어가면 1년에 1본당 질소 726g, 인산 182g, 칼륨 671g이 필요하고, 착과량(着果量)이 많은 해에

42 토양의 급격한 온도변화 방지와 일정한 수분유지(보습력 유지) 등을 위해 볏짚, 왕겨, 낙엽 등의 재료로 지표면을 덮는 것을 말한다.

는 질소량을 2배 늘려 시비해야 한다고 알려져 있다. 이 경우 질소원은 퇴비와 깻묵, 인산의 공급은 골분, 칼륨은 숯 등을 시용하는 것이 좋다.

시비(施肥)시기 : 어린 묘목인 경우 시비는 여름에 수차례 실시하는 게 좋다. 왜냐하면 뿌리 발달이 충분히 이루어지지 않아 한 번에 많은 양의 비료를 주면 강우 등에 의해 유실되는 양이 많기 때문이다. 그렇지만 결실기에 도달하면 착과직후와 수확 후에는 비료를 시용해야 한다. 망고의 뿌리는 가로 8m, 세로 6m까지 분포하므로 적절한 방법으로 비료를 시비하면 유실되는 양은 거의 없다. 특히 망고의 근계는 깊이 30cm 부근과 줄기로부터 1.5～2.5m 정도에 많이 분포하고 있기 때문에 근계분포를 고려하여 시비를 행해야 한다. 열대의 타이에서는 다음과 같이 시비법이 행해지고 있다.

일반적으로 유기질 비료는 퇴비와 녹비(綠肥) 등이 있고, 이에 더하여 화학비료를 첨가하고 있다. 화학비료의 시용량은 수령에 의해 조금씩 다르지만 전정후(剪定後)에는 화학비료(15:15:15) 2kg과 퇴비를 섞어 시용한다. 그리고 우계(雨季)가 끝나기 전(9～10월)에 사질토양(砂質土壤)[43]의 경우 화학비료 8:24:24(또는 9:22:24)를 2kg 시용하고, 식토(埴土)[44]는 화학비료(12:24:12) 2kg을 시용하고 있다. 또한 개화전(11월 초)에는 화학비료(0:52:34)를 물 20ℓ에 100～150g에 녹여 1～2회를 10일 간격으로 엽면산포를 실시한다.

개화가 끝나고 착과하게 되면 화학비료(15:15:15 또는 17:17:17)를 1그루당 1～2kg 정도 시용한다. 또한 화학비료(46:0:0 또는 10:52:17,

43 사질토양(sandy soil)은 모래입자와 점토의 함유율이 많은 토양으로 부수성이 약하고 투수성이 크며 작물에 필요한 영양분이 적으나 통기성이 좋고 유기물 분해가 빠른 토양이다.

44 식토(clayey soil)는 점토성분이 50% 이상 토함하고 있고, 수분과 비료의 유지력은 좋으나 공기의 유통과 배수가 나쁜 토양이다.

13:0:46)를 숟가락 한 번 정도의 양과 물 20ℓ에 넣은 용액을, 1주일 간격으로 5회 실시한다. 그리고 수확전(5~6월)이 되면 화학비료(13:0:46) 50g을 물 20ℓ에 넣고 1~2회 시용한다.

대만의 경우에는 어린나무(幼樹)일 경우 배합비료의 사용량을 성장수준에 따라 4단계로 나누어 0.5~2.4kg/그루/년으로 점차 증가시키는 방법을 사용하는 것을 제시하고 있다. 그리고 성장한 결과수(結果樹)의 경우에는 3단계로 나누어서 2.5~5.0kg/그루/년의 배합비료를 사용하는 것을 추천하고 있다. 그리고 인도네시아의 경우에는 정식기와 1~5년생, 그리고 5년생 이상 등 세 가지로 나누어서 복합비료의 사용방법을 설명하고 있다. 정식기에는 이식(移植) 1주일 전에 복합비료 250g/그루/년, 그리고 퇴비를 40kg/그루/년을 권장하고 있지만, 나무의 수령이 증가할수록 그 사용량이 늘어난다. 즉, 수령 1~5년생일 경우에는 복합비료 300~500g/그루/년과 퇴비 40~50kg/그루/년을 건기와 우기가 시작되는 시기에 사용할 것을 권장한다. 그리고 5년생 이상일 경우에는 퇴비의 사용량은 동일하고 복합비료는 1.5~2.0kg/그루/년을 사용할 것을 제시하고 있다. 결국, 국가마다 약간의 차이는 있지만 수령이 증가할수록 점점 보다 많은 비료와 퇴비의 사용이 권장되고 있음을 발견할 수 있다.

대만의 연간 시비량

수령 (년)	배합비료량 (kg/그루/년)
어린나무(幼樹)	0.5-0.8
	1.0-1.2
	1.5-1.8
	1.9-2.4
결과수(結果樹)	2.5-3.0
	3.2-4.2
	4.2-5.0

자료 : 熱帯果樹栽培ハンドブック(国際農林業協力協会, 1996)

인도네시아의 시비법

수 령	시 비 량	비 고
정식기	복합비료(15:15:15) ; 250g /그루/년 퇴비 : 40kg /그루/년	이식 1주일 전에 사용
1-5년생	복합비료(15:15:15) ; 300-500g /그루/년 퇴비 : 40-50kg /그루/년	건기시작과 우기시작기에 2회에 나누어 사용
5년생 이상	복합비료(15:15:15) ; 1.5-2.0kg /그루/년 퇴비 : 40-50kg /그루/년	

자료 : 전게서

■ 하우스 재배

망고는 정아(頂芽) 우세의 과수로 가지의 끝부분에서 새로운 가지가 발생한다. 고온 상태에서는 가지 끝부분으로부터 새로운 가지 발생을 반복하여 3~4년이면 하우스 천정까지 닿을 만큼 크게 자라게 된다. 그러기 때문에 수형은 가지가 수평(橫)방향으로 자라도록 조절하지 않으면 안 된다. 그리고 꽃은 가지 끝부분에 착생하고 한 번에 작고 많은 꽃들이 피게 된다. 대부분은 개화 결실 후에 생리낙과 되지만, 장래 크게 자라게 될 1~2개를 남겨두고 과실을 솎아내야 한다.

하우스 내에서 망고를 재배하기 위해서는 다음과 같은 작업이 필요하다. 화아(花芽) 착생을 유도하기 위해 가지유인(誘引)[45]과 가지치기, 그리고 화아 착생 이후는 반대로 꽃을 윗방향으로 향하도록 하여 햇빛을 잘 받도록 하는 작업이 필요하다. 또한 장래 결실을 원하지 않는 과실을 솎아 내고, 수확 전에 봉지에 싸거나 네트로 쌓아 보호하는 작업이 필요하다. 이러한 작업은 많은 인내와 노동을 필요로 하지만 좋

45 정아우세(頂芽優勢)인 과수의 경우, 직립하여 똑바로 자라려는 속성이 강하기 때문에 끈으로 가지를 매어 수평으로 당겨 가지가 수평(橫)으로 자라게 하는 방법이다.

은 열매를 수확하기 위해서는 중요하다.

망고 재배는 농약 살포가 많지 않은 과일이지만 주의할 병은 탄저병이다. 이 병은 과습한 상태에서 발생하기 쉬우므로 비를 막는 시설과 배수가 중요하다. 하우스의 경우 밀폐된 환경이 오랫동안 유지되면 탄저병이 발생하기 쉬우므로 환기에 주의를 해야 한다. 한편 비닐피복을 사용한다면 진드기와 총채벌레 등과 같은 해충이 발생하기 쉽다. 신아(新芽)[46]와 화아(花芽)[47]에 총채벌레가 발생하면 건강한 잎이 떨어지거나 과피(果皮)에 반점이 발생하면서 상품가치를 하락시킨다.

망고는 5℃ 이상의 온도를 유지하면 재배가 가능하다. 일본에서 춥기로 유명한 북해도(北海道)에서도 최근 하우스를 이용하여 망고를 재배하기 시작하였다. 만일 저온에서 고사(枯死)하지 않을 정도의 기온을 확보한다면 우리나라 어디에서도 망고 재배가 가능할 것이다. 이러한 점에서 하우스를 이용한 망고 재배는 매우 적합한 방법으로 사료된다.

일본의 오키나와의 경우 하우스 시설에서 망고를 재배하면서 망고나무의 생육단계를 영양생장기, 생리낙과기, 화아분화기, 출뢰기, 성숙기, 개화 결실기 등으로 분류하여서 재배관리와 병해충 방제방법을 설명하고 있다. 특히, 생육단계를 월별로 구분하여서 필요한 시기별로 적합한 재배관리 방법을 열거함가 동시에 1년 12개월 월별로 출현하기 쉬운 병충해를 제시하고 있어서 망고의 재배관리와 병충해 방제가 생산자들에게 매우 유익한 자료와 지침이 되고 있음을 알 수 있다. 이러한 지침은 우리나라와 같이 온실 내에서 망고를 생산하고자 하는 생산자들에게 매우 큰 도움이 될 수 있을 것으로 사료된다.

---

46 새로 나올 싹(새싹)을 말한다.

47 자라서 꽃이 될 눈을 말한다.

(http://www.miyakojimamango.com/index.php)

수형 조절에 의한 하우스 재배와 수확 전 봉지를 씌운 모습[48]

하우스 시설에서 6~8월 출하를 위한 기본적 재배관리(일본 오키나와 지역)

	8월	9월	10월	11월	12월	1월	2월	3월	4월	5월	6월	7월
생육단계	성숙기	영양생장기			화아분화기		출엽기	개화결실기	생리낙과기			성숙기
재배관리	전정 적아 비닐제거		유인 · 정지 · 가지치기		비닐피복	혼합아 제거 시비		온도관리	꽃 · 과실의 올리기	전정 시비 · 짚깔기	봉지 싸기	전정 적아 시비
병해충방제	나무이 응애 총채벌레 탄저병			나무이 응애 총채벌레 탄저병	깍지벌레 나무이 응애 총채벌레			응애 회색곰팡이병 탄저병 균핵병 흰가루병			패각충 응애 총채벌레	

자료 : 新特産シリ-ズ マンゴ- 完熟果栽培の実際(米本仁巳, 2008).

48 http://www.miyakojimamango.com/index.php?FrontPage

■ 하우스 구조와 환기

구조 : 망고의 시설재배는 강우를 차단하여 탄저병을 예방하기 위한 것이었으나, 최근에는 보온, 토양수분 조절, 방충, 방풍 등 여러 가지 목적으로 사용되고 있다. 현재 망고 하우스는 가격이 저렴한 파이프 하우스부터 고가의 철골 H빔 하우스까지 다양한 종류가 있으나, 다음과 같은 점에 유의하여 시설을 선정해야 한다.

① 시설은 온도관리가 용이한 단동이 바람직하나 비용이나 작업성, 강도를 감안하여 연동으로 할 경우도 3연동 이하로 하며 면적도 1,000m^2 이하로 한다.
② 동의 길이는 50m 이하로 한다.
③ 높이는 2m 이상 확보한다.
④ 하우스 폭은 8~10m로 하여 재식계획에 맞게 선정한다.

환기 : 비닐피복 하우스 내부온도는 쉽게 40℃를 넘고 환기가 나쁜 하우스에서는 더 높은 온도까지 올라간다. 망고는 열대성 과수이기 때문에 겨울철 저온에 대한 주의가 필요하다. 특히 개화결실기가 되는 겨울에서 봄 사이는 저온과 고온장해가 같이 발생할 수 있기 때문에 온도관리에 각별히 주의해야 한다.

■ 망고의 번식

망고의 번식은 일반적으로 접목법이 널리 행해지고 있다.

좋은 망고열매를 수확하기 위한 망고나무의 접목

대목(臺木, Root Stock)[49] 육성 : 망고의 종자에는 단배성과 다배성 종자가 있는데 다배성 종자는 1개의 종자에서 여러 개의 눈이 발아한다. 대목으로는 변이가 적은 다배성 품종이 이용된다. 망고종자는 건조저장이 안되므로 채취 후에는 가능한 빨리 파종한다. 종자를 물에 담가 외부의 단단한 각질을 제거하고 벤레이트(Benlate)에 침지소독 후 배수가 양호한 묘상에 배부분을 아래로 향하게 두고 종자가 덥힐 정도로 복토한다.

묘상(苗床)은 차광막 등으로 직사광선이 투과하는 것을 막고 토양수분이 일정하게 유지되도록 관수한다. 파종한 종자는 7~10일 후에는 발아하는데 2마디 신장 후 경화할 시기에 배유를 떼어낸 후 포트

---

49 접목 시 접수(椄穗, scion)를 붙이는 쪽의 나무를 말한다.

묘목장(미얀마)

에 이식한다. 세근이 적기 때문에 이식 시 주의가 필요하며, 묘목이 엄지손가락 굵기가 될 때까지 기른다.

묘상(苗床)은 차광망(遮光網) 등으로 차광하고 매일 적당히 관수한다. 파종 7~10일 후에는 발아하는데 2마디 신장 후 경화할 즈음에 배유와 함께 떼어낸 후 포트에 이식한다. 세근이 적기 때문에 이식 시 주의가 필요하며 엄지손가락 굵기가 될 때까지 2주 정도 육묘한다.

(http://s199.photobucket.com/albums/aa303/jedi_sena/plants/?action=view&current=mangotree002.jpg)
발아 모습

접수(椄穗, Scion)[50] 채취 : 접수는 개화, 결실, 착색 및 품질이 양호한 확실한 나무의 신엽이 경화한 충실한 가지를 선택하여, 선단부에서 1~2마디 째의 눈을 접수로 사용한다.

접목(接木, Grafting) : 일반적으로 절접이 많이 이용되는데, 접목 시기는 4~6월경이 활착률이 높다. 우량한 개체에서 채취한 접수는 눈이 2 이상 남도록 조제하고, 대목의 굵기는 엄지손가락 이상의 묘목을 이용한다. 대목의 지상 약 15~25cm에서 절단하고 대목과 접수의 형성층이 서로 결합되도록 테이프로 고정한다. 그리고 접목 후 접수의 건조를 예방하기 위해 접목부분과 접수를 파라필름(parafilm)으로 싸준다.

아래에서는 접붙이는 방법을 순서대로 설명하고 있다. 단 여기에서는 실내온실에서 재배하기에 적절하도록 나무의 키가 작은 품종을 접붙이는 것을 사례로 제시하였음을 밝혀두고자 한다. 이미 앞부분에서 설명한 '콘도 망고' 품종도 실내 온실에서 재배하기 용이하도록 아래 설명과 같이 접목 및 전정 작업을 하면 된다.

---

50 접을 붙일 때 대목(root stock)에 꽂는 가지를 말한다.

1 접수를 삽입할 수 있을 정도 크기의 대목을 준비한다.

2 대목 줄기를 땅에서 2-20m 정도 위치에서 자른다. 접수를 삽입할 수 있도록 대목의 수피를 쪼갠다.

3 건강하고 품질이 우량한 접수를 준비한 후 잎을 자르고 줄기만 남긴다.

4 접수의 아랫부분을 V자 형으로 만들어 대목의 쪼개진 틈으로 삽입한다.

5 대목과 접수를 비닐 끈을 이용하여 단단하게 감는다.

6 가지의 생장을 옆으로 유도하기 위해 접수의 끝을 자른다.

7 접목 실시 30일 이후 약한 햇빛에 내놓는다.

8 접목한 나무가 성장하여 약 6년 후에는 아래 사진과 같이 망고 과실이 열리게 되어 수확할 수 있다.

(http://www.thefilipinoentrepreneur.com/2008/03/05/how-to-make-a-dwarf-mango-tree.htm)

접목 후 6년생 망고나무

키가 작은 '콘도 망고'의 이점은?

1. 단위면적(ha)당 많은 나무 식재 가능
   - 인도 : 3m x 2.5m(1,333 수(樹)/ha)
   - 이스라엘 : 3m x 5m, 5m x 8m(200-600 수/ha)
   - 태국 : 200-600 수/ha
   - 호주 : 200-1,000 수/ha

   (자료 : 3rd Mango Marketing Congress, August 15-16, 2006, Davao City, Philippines)
2. 용이한 나무 관리
   - 용이한 전정
   - 용이한 병해충 모니터링
   - 과일 손실의 최소화
   - 나무의 최소 피해와 상처
   - 용이한 종이봉지 작업과 수확
   - 효율적 스프레이 작업

■ 육묘와 정식

접목 후에는 수분 유지에 주의하여 활착(活着)을 좋게 하고 접수에서 신초가 발아할 때까지 차광한다. 접목을 실시하여 1년 정도 지나면 정식이 가능하지만 시설을 효율적으로 이용하기 위하여 육묘기간을 단축시키기도 한다. 또한 포트(pot)를 절반정도를 지중에 묻어 과도한 건조를 방지하고 포트 내부의 토양수분 변화를 적게 한다.

정식 : 토양의 적정 pH를 만들어 주기 위해 토양 개량을 수년 동안 실시한다. 단기간에 급격한 개량을 하면 미량요소의 균형을 무너뜨리므로 주의해야 한다. 정식은 기온이 따뜻해지는 새순이 발아하기 전(3~4월)부터 장마 초기까지가 적당하다. 10월 상순까지도 정식은 가능하지만 여름철 고온건조, 태풍피해, 짧은 영양생장 기간 등 문제점이 많으므로 늦어질 경우는 이듬해 봄에 정식하는 방법이 효율적이다.

정식 후 관리 : 정식 후 1~2년은 나무의 골격을 형성하는 중요한 시기이므로 토양을 비옥하게 하며 병해충 방제를 철저히 하고, 전정, 유인, 눈솎기 등으로 수형을 만들고 주지(主枝)가 충실해지도록 관리한다.

■ 세계의 망고 생산

유엔식량농업기구(UN/FAO; Food and Agriculture Organization)의 망고 자료는 가장 최근 자료가 2009년까지 수록되어 있다. 따라서 본서에서는 지난 49년(1961~2009)의 자료를 정리하고 여기에 근거해서 간략하게 분석하고자 한다.[51] 지난 49동안 망고의 세계 생산량은 약 1.1천만 톤에서 3.5천만 톤으로 약 3.2배 수준으로 증가하였다. 전체적으로 연간 평균 1.9천만 톤의 망고가 생산되고 있다.

동시에 수확면적은 128.1만 ha에서 509.3만 ha로 약 4배 수준으로 크게 증가한 것으로 나타났다. 세계적으로 연평균 236.2만 ha의 면적이 망고 생산에 이용되고 있는 실정이다. 그러나 수확면적이 생산량보다 더 빠르게 증가하였기 때문에 ha당 산출고는 8.5톤에서 6.9톤으로 같은 기간 오히려 18.8%나 감소한 실정이다. 세계적 연평균 산출고는 7.8톤으로 밝혀졌다. 이는 아마도 새로운 생산자들이 망고산업에 뛰어들면서 각국의 많은 망고 생산자들이 충분한 재배지식을 갖추지 못한 점, 오래된 묘목을 새로운 묘목으로 교체하여서 수령이 아직 낮은 점 그리고 외연적(外延的) 면적이 늘어나면서 망고 재배에 다소 부적절한 토양과 재배면적이 포함되어 있기 때문으로 사료되었다.

---

51 참고로 여기에 정리된 UN/FAO 자료에는 망고 자료만 별도로 정리되어 있지 않고 망고스틴(Mangosteen)과 구아바(Guava)의 자료가 포함되어 있다. 그러한 의미에서 망고만의 정확한 분석이 어려움을 밝혀두고자 한다.

또한 면적 증가율이 생산량 증가율보다 상대적으로 더 높은 때문에 1990년대 초부터 최근까지의 ha당 산출고는 초기의 8.5톤 수준에서 7.3톤 수준으로 감소되고 있다. 방대한 식재면적이 증가되면서 퇴비를 비롯한 비료의 단위면적당 투입량이 상대적으로 낮아지고, 전정이나 노동집약적인 병해충 방제작업과 제초작업과 같은 작업이 증가하며, 늘어나는 면적이 상대적으로 이전보다 비옥한 토지가 되지 못할 개연성이 높아지고 있다. 이러한 점들이 결국은 단위 면적당 산출고의 보합세 내지 감소현상을 초래한다고 보는 것이다.

(http://www.dpi.qld.gov.au; http://www.images.search.yahoo.com/search)

미얀마의 망고 농장(상)과 R2E2(Big pink)(하)

(http://www.thefloweringgarden.com/mangosteen.htm;
http://en.wikipedia.org/wiki/Guava)

망고통계에 함께 포함되어 있는 망고스틴(좌)와 구아바(우)

망고의 세계 생산량, 수확면적 및 산출고(1961∼2009)

(단위 : 천 톤, 천 ha, 톤/ha)

연도	생산량	면적	산출고	연도	생산량	면적	산출고
1961	10,900	1,281	8.5	1986	17,225	1,815	9.5
1962	11,277	1,296	8.7	1987	17,741	1,896	9.4
1963	11,129	1,305	8.5	1988	15,725	1,939	8.1
1964	11,161	1,298	8.6	1989	16,423	2,007	8.2
1965	11,486	1,339	8.6	1990	17,051	2,007	8.5
1966	11,527	1,350	8.5	1991	17,764	2,355	7.5
1967	12,038	1,384	8.7	1992	18,061	2,486	7.3
1968	12,167	1,398	8.7	1993	19,546	2,625	7.4
1969	11,900	1,397	8.5	1994	21,545	2,695	8.0
1970	12,031	1,408	8.5	1995	22,447	2,921	7.7
1971	12,161	1,403	8.7	1996	23,614	2,986	7.9
1972	12,489	1,429	8.7	1997	23,710	2,930	8.1
1973	12,346	1,429	8.6	1998	22,760	3,286	6.9
1974	12,858	1,476	8.7	1999	23,773	3,374	7.0
1975	12,768	1,500	8.5	2000	24,888	3,578	7.0
1976	13,038	1,550	8.4	2001	25,226	3,572	7.1
1977	13,134	1,543	8.5	2002	26,392	3,698	7.1
1978	13,195	1,549	8.5	2003	29,537	3,765	7.8
1979	14,084	1,606	8.8	2004	29,433	4,273	6.9
1980	14,420	1,677	8.6	2005	31,203	4,469	7.0
1981	15,149	1,713	8.8	2006	33,434	4,667	7.2
1982	15,090	1,802	8.4	2007	34,457	4,844	7.1
1983	15,342	1,829	8.4	2008	34,995	4,805	7.3
1984	15,909	1,886	8.4	2009	35,124	5,093	6.9
1985	16,546	1,783	9.3	평균	18,494	2,362	7.8

자료 : UN/FAOSTAT, 1961∼2009.

세계 각국의 망고 생산량

(톤, 2009)

국 가	생산량	국 가	생산량	국 가	생산량
Antigua/Barbuda	1,496	Guiana	202	Nigeria	831,489
Argentina	1,846	Gambia	1,343	Palestine	4,411
Australia	60,000	Ghana	7,000	Oman	6,500
Bangladesh	828,161	Grenada	2,274	Pakistan	1,728,000
Belize	250	Guadeloupe	1,000	Panama	6,000
Benin	14,412	Guatemala	108,889	Paraguay	29,700
Bhutan	315	Guinea	165,000	Peru	165,634
Bolivia	5,765	Guinea-Bissau	6,098	Philippines	771,441
Brazil	1,197,690	Guyana	3,428	Puerto Rico	15,346
Burkina Faso	11,203	Haiti	244,607	Réunion	2,116
Cambodia	58,641	Honduras	22,000	Rwanda	6,500
Cameroon	642	India	13,557,100	Saint Lucia	700
Cape Verde	7,002	Indonesia	2,150,000	Vincent/Grenada	1,819
Central Africa	9,800	Iran	13,308	Samoa	3,792
Chad	35,077	Israel	31,766	Senegal	105,000
China	4,140,290	Jamaica	2,773	Sierra Leone	7,761
Colombia	187,343	Japan	2,700	Somalia	1,154
Congo	27,827	Kenya	474,608	South Africa	41,503
Cook Islands	172	Laos	3,574	Sri Lanka	82,350
Costa Rica	50,000	Madagascar	221,286	Sudan	185,963
Côte d'Ivoire	37,000	Malawi	82,659	Suriname	875
Cuba	354,200	Malaysia	24,510	Thailand	2,469,810
Congo	210,000	Mali	77,606	Timor-Leste	5,557
Djibouti	555	Martinique	249	Trinidad/Tobago	598
Dominica	2,228	Mexico	1,509,270	UAE	11,000
Dominicac	257,904	Montserrat	148	Tanzania	320,000
Ecuador	181,515	Mozambique	18,492	USA	1,100
Egypt	450,000	Namibia	120	Venezuela	65,000
El Salvador	85,122	Nepal	121,842	Viet Nam	540,000
Ethiopia	65,619	New Caledonia	160	Yemen	404,573
Fiji	120	Niger	170,572	Zimbabwe	1,385

자료 : 전게서.

최근 2009년 말 현재 망고의 생산량이 연간 100톤 이상인 국가는 전 세계에서 93개국인데, 이 가운데 100만 톤 이상의 망고를 생산한 국가는 7개 국가로 나타났다. 이들 7개국은 인도(1,355.7만 톤), 중국(414.0만 톤), 태국(247.0만 톤), 인도네시아(215.0만 톤), 파키스탄(172.8만 톤), 멕시코(150.9만 톤), 그리고 브라질(119.8만 톤) 등의 순으로 밝혀졌다. 그 결과 이들 7개국의 생산량은 세계 망고 생산량 3,512.4만 톤의 76.2%를 차지하고 있다.

■ 우리나라의 망고 생산

현재 전라남도 함평군에서 재배하고 있는 어윈 품종 즉, '애플망고'는 제주도에서 재배되고 있는 망고와 동일한 품종이다.

제주특별자치도의 망고생산 자료에 의하면 서귀포지역에서는 11월 하순(2009년)에 가온을 시작해 익년 3월 말(2010년)에 망고를 수확하는데 10are(300평)에서 3,000kg 정도를 생산하였다고 보고되었다. 공판장 가격은 1kg당 130,000~150,000원이었다. 망고는 하우스 시설에서 약 5개월간 가온하는 관계로 유류비가 많이 소요된다. 그래서 2009년에는 다겹 보온 커튼을 설치하는 에너지절감 시범사업을 보급하였다. 그 결과 10are당 18,000ℓ가 소요되는 유류 소모량이 다겹 보온 커튼 시설로 인하여 12,600ℓ가 소요되어 5,400ℓ(30%)가 절감될 수 있었다고 한다. 즉 유류비용이 430만원 정도 절감된다는 것이다.[52] 현재 제주도에서 망고재배는 47개 농가(23.6ha)에서 378톤을 생산하고 있는 것으로 추정되고 있다(뉴스제주, 2010.04.09).

52 이때 유류비용은 약 796.3원/ℓ을 의미한다.

(http://koreaherald.com/national/Detail.jsp?newsMLId=20100718000228)
제주도에서 재배되고 있는 애플망고

한편, 함평군에서는 다른 지역과 달리 독특한 영농방법으로서 노지가 아닌 양액재배를 하고 있다. 열대 또는 아열대 지역 그리고 일본에서도 토지에서 생산하고 있는 망고를 함평군에서는 양액재배를 통해서 생산하고 있는 점이 특이하다. 그리고 실내에서 적절한 온도 유지를 하기 위해서 스티로폼(styrofoam)으로 자체 제작한 특수 인슈블럭(insulation block)을 단열재를 사용하고 있다. 그 결과 온실 내부 온도를 외부의 온도와 차단시켜 겨울철에도 다른 온실과는 달리 가온 보일러를 거의 사용하지 않는 장점을 지니고 있다. 무엇보다도 관행온실 연료비의 50%를 절감하였다고 이 농장의 관리자는 밝히고 있다. 거기에다 온실 부근에서 발생하는 공장폐열을 이용하고 있어서 가온 보일러를 거의 사용하지 않고 열대 과수를 재배하고 있는 셈이다. 아직은 재배 초기단계이기 때문에 열매를 맺지 않고 있지만 매우 획기적인 망고재배의 하이테크(high-tech) 영농방식이라고 할 수 있다.

전라남도 함평군의 단열재 시설에서 양액재배 되고 있는 애플망고 모습

Chapter 05

병해충과 생리적 장해

■ 병해

▪ 탄저병(炭疽病, Anthracnose)

탄저병은 망고의 수량 및 품질을 떨어뜨리는 대표적인 병해이다. 주로 잎, 어린 가지, 신초, 화방, 줄기, 과실 등에 발생한다. 탄저병은 7~8월의 고온기에는 발병 확률이 낮지만 가을부터 겨울에 증가하기 시작하여 2~5월에 절정을 이룬다. 신초의 경우는 연중 발생할 수 있기 때문에 주의가 필요하다. 이 병의 발병은 신초가 발생하는 시기와 개화기부터 유과기의 강우량과 관계가 깊다.

증상은 검은 반점이나 줄무늬가 생기는 것이 특징이다. 초기에는 병해가 표면상에 나타나지만, 과습(過濕)의 환경에서는 함몰이 되거나 주황색 또는 짙은 갈색의 포자(胞子)가 발생한다. 일반적으로 병해가 나타난 아래쪽 과육에서 연화 현상이 일어난다.

사실 망고 재배의 가장 어려운 점은 탄저병에 의한 꽃, 잎, 과실 등의 피해라고 할 수 있다. 화방(花房)이 감염된다면 결실은 거의 기대할 수 없고 어린 과실에 감염된다면 쉽게 낙과(落果)하게 된다. 과실이 크게 자란 유과(幼果)에 감염된 경우에는 병원균이 과피 내부에 머무르면서 증식하지 않지만 과실이 성숙하고 수확한 후에 급속히 증식을 재계하여 과피에 검은 반점을 형성한다. 그래서 상품가치를 떨어뜨린다. 그러나 탄저병에 강한 품종은 아직까지 없는 것으로 보고되고 있다.

탄저병의 피해 : 꽃

탄저병의 피해 : 잎과 줄기

(http://edis.ifas.ufl.edu/vh048; http://www.ctahr.hawaii.edu/nelsons/mango/)

탄저병의 피해 : 과실

병균의 포자(胞子)가 들어있는 주머니인 자낭(子囊)은 저온기에 죽은 가지나 낙엽에서 발견되지만 병의 감염에는 큰 역할을 하지 못한다. 그러나 우기(雨期)에 분생포자가 비로 인해 이동하면서 감염이 확산된다. 감염은 과습의 상태가 몇 시간 지속되면 분생포자가 어린 과실의 표피를 직접 관통해 감염이 시작된다. 그리고 감염 후 과실의 후숙이 시작될 때까지 포자는 정지기를 보이다가 후숙기에 발병된다. 따라서 탄저병의 병해는 주로 유통과정에 많이 나타난다.

탄저병은 방제가 가능하다. 우기에 꽃에 감염되면 착과 불량이 일어나므로 개화기부터 착과기까지 예방약 제인 만코지와 수화제 등을 정기적으로 살포하면 효과가 크다. 그리고 살균제를 희석한 온수에 과실을 담그는 방법이 수확 후 방제로 가장 유용하다. 또한 과실이 고온 장해를 받지 않는 범위에서 적당한 시간과 온도에서 열처리를 하는 방법도 효과적이다.

■ 궤양병(Bacterial Canker)

연중 발생하는 병으로, 5월 이후 기온이 상승하면서 발생이 증가한다. 특히 이른 봄 강우가 많은 해에 발생 확률이 높다. 오래된 잎이나 줄기 등에서 월동한 병원세균이 상처부위를 통해 침입하기 때문에 철저한 방제가 필요하다. 경종적(耕種的) 방제[53]인 병든 잎과 가지의 제거 및 소각, 바람에 의한 과실 상처 방지를 위해 방풍림 설치, 비가림 재배 등이 있다.

---

53 이 경종적 방제법은 병해충과 작물의 생태적 특징을 이용하여 작물의 재배조건을 변경시키고 내충(耐蟲)・내병성(耐病性) 품종의 이용과・토양관리의 개선 등에 의하여 병충해의 발생을 억제하여 피해를 경감시키는 방법이다.

(http://www.bitterrootrestoration.com/mango/mango_bacterial_canser_disease_xanthomonas_campestris.html;
http://www.fao.org/es/esc/common/ecg/278/en/Pathak.pdf;
http://www.krishiworld.com/html/mango.html)

궤양병 피해

■ **흰가루병**(Powdery Mildew)

주로 꽃, 화경, 과실 등이 작은 시기에 발생하여, 낙화(과)되고 기형 모양의 과실도 유발한다. 통기불량, 일조부족 조건에서 발생하기 쉽기 때문에 사전 환경 개선과 발생시 약제방제에 철저를 기한다. 경종적 방제로는 감염 부위의 제거와 시설 환기 등이 있다.

(http://www.ctahr.hawaii.edu/oc/freepubs/pdf/PD-46.pdf)

흰가루병 피해 증상

❶ 잎 ❷ 꽃 ❸ 과실

■ 말단흑화 또는 괴사(Black Tip/Necrosis)

과실의 말단 부분이 짙은 색으로 변색되는 질병으로 인도 지역에서 문제시 되는 장해이다. 이 질병은 종자가 단단해지는 경핵기(硬核期) 또는 성숙기에 발현되고 주위의 산성 가스에 의해서 장해가 나타난다. 질병 초기에는 과실의 기부 끝에서 작고 회색의 반점이 나타나고 점점 어두운 녹색으로 변한다. 그리고 증상이 악화됨에 따라 점은 점차 확대되고 조직은 썩고 괴사(壞死)부분은 붕괴된다.

품종에 따른 감수성의 차이가 나타나지만 주변의 대기 오염원을 없애거나, 알칼리성 가스를 살포하여 대기를 중화시키는 것이 방제 방법이다.

(http://www.ctahr.hawaii.edu/nelsons/mango/mango_decline_stem_internal_necrosis_1.JPG; http://medialabasia.in/ggk/CD3-aam/aam/images/) 내 black_tip_of_mango.jpg)
나무 줄기(좌)와 과실의 괴사병(우)

■ 과경부 썩음병(Stem-end rot)

과경부(果頸部) 썩음병은 여러 가지 곰팡이에 의해서 발생된다. 인도, 스리랑카, 필리핀, 미국 등에서는 *Botryodiplodia theobromae*가 주된 발병원이다.

증상은 과경부에 짙은 갈색으로 부패되는 증상이 발생한다. 동일한 곰팡이에 의해 측면에도 썩음병이 발생하기도 한다. 병반 부위에 검은 작은 포자가 발견되는데 이를 현미경으로 관찰하면 발병원인이 되는 곰팡이를 구분할 수 있다.

이들 곰팡이는 죽은 나무에 군집을 이루면서 살아간다. 포자가 강우에 의해 이동하여 감염이 되는데 수확 직후 절단된 과경을 통해 곰팡이의 침투가 일어난다. 방제는 과병이 절단된 부위에 즉시 살균제를 처리함으로써 가능하다. 또한 살균제가 포함된 온수에 담그는 방법도 유효한 것으로 알려져 있다. 혹시 살균제에 저항성을 지닌 곰팡이가 발생할 우려가 있으므로 재배지에 살균제를 살포할 때 여러 종류의 살균제를 바꾸어 가면서 처리할 필요가 있다. 그리고 저장온도를 10℃ 이하로 하면 병해 발생을 억제할 수 있다.

(http://www.nt.gov.au/d/Primary_Industry/Content/Image%20Library/Plant%20disease%20image%20library/target53.html; http://www.apsnet.org/publications/imageresources/Pages/tropical087.aspx)

과경부 썩음병 피해 증상

■ 검은 곰팡이병(Black mould Rot)

과실 표피에 회색이나 옅은 갈색 반점을 발생시키는 병이다. 병상이 진행될수록 반점이 짙은 갈색이나 검은색으로 변하고 면적이 확대되면서 물러진다. 병상 후기에는 반점에 검은 포자 덩어리가 형성된다. 또한 곰팡이는 과병부 부패를 일으키기도 한다.

곰팡이는 황폐한 토양에서 서식하고, 포자는 바람에 날려서 이동한다. 곰팡이에 감염된 과실은 나무에 달린 채 검은 포자에 둘러싸여 말라버린다. 그러나 대부분의 감염은 수확 후에 상처부위나 절단된 잎자루를 통해서 이루어진다. 병해가 가장 잘 나타나는 최적 온도는 30℃ 내외이다.

검은 곰팡이병은 재배지에 살균제를 살포하여 억제할 수 있다. 수확 후에는 살균제를 포함한 온수에 침지하여 방제가 가능하다. 수온이 너무 높으면 과실에 상처를 주게 되고, 곰팡이가 쉽게 침투할 수 있기 때문에 적정 온도에서 처리하는 것이 중요하다. 저장 온도를 10~15℃를 유지하면 검은 곰팡이병을 억제할 수 있다.

(http://agritech.tnau.ac.in/crop_protection/crop_prot_crop%20diseases_postharvest_mango; http://miamieverydayphoto.blogspot.com/2011/06/aspergillus-niger.html)

검은 곰팡이병 증상

■ 박테리아 흑반병(Bacterial Black Spot)

박테리아성 흑반병(黑斑病)은 고온고습 기후대에서 발생하는 병해로 주로 남아프리카, 남아메리카, 호주, 대만, 인도에서 발생한다.

과피에 어두운 색의 작은 병반이 발생하고 중앙부가 함몰되며 주변으로 확산된다. 점액이 발생하고 별모양의 흠이 생성되기도 한다. 감염된 과실을 들어 올리면 박테리아성 점액을 볼 수 있다. 이 병원균은 척박한 토양에서 재배할 경우 발병률이 높다. 비가 오면 세균이 이동하게 되고 수피나 기공을 통해 감염이 된다. 그러나 과실의 후숙이 되어야 감염의 징후가 나타나기 때문에 조기 발견이 어렵다.

살균제를 사용하거나, 감염된 나무를 뿌리 채 뽑아 소각시키고 저항성 품종을 심는 것이 방제 방법이다.

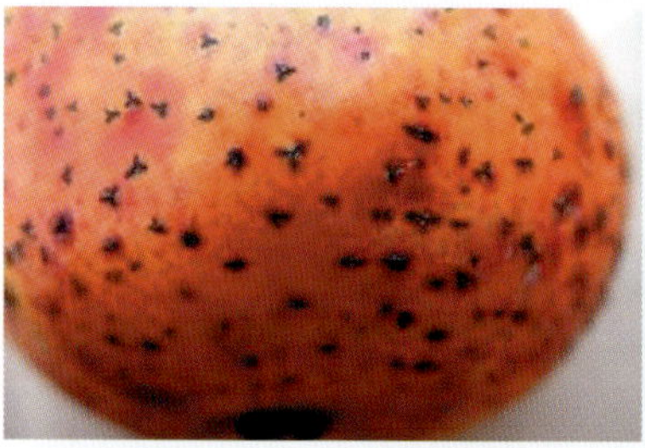

(http://www.dpi.nsw.gov.au/__data/assets/pdf_file/0009/120114/blight-disease-mango.pdf;
http://www.infonet-biovision.org/default/ct/124/crops)
박테리아 흑반병 증상

■ 충해

망고나무와 과일에 피해를 주는 해충(벌레)은 약 492개 이상이나 있으며, 그 이외에도 17개 종류의 진드기, 26개 정도의 선충이 있는 것으로 밝혀졌다(http://schools-wikipedia.org/2006). 이 가운데 망고나무에 심각한 피해를 입혀서 수확량을 감소시키는 주요 해충은 멸구(hopper), 진디(mealy bug), 개화기 벌레(inflorescence midge), 광대파리(fruit fly), 깍지벌레(scale insect), 새순벌레(shoot borer), 잎벌레(leaf webber), 바구미(stone weevil) 등이다.

■ 총채벌레류(Thysanoptera Thrips)

주로 새순이나, 출뢰기(꽃봉우리)와 만개시에 발생하여 열매와 잎을 가해한다. 총채벌레류는 몸이 가늘고 길쭉하며 가시 또는 강모(剛毛)를 가지고 있다. 성충은 1～2mm 정도로 작고 몸통은 담황색 또는 연한갈색을 띠며 막대기 모양의 기다란 시맥에 긴 털이 규칙적으로 붙어있는 날개를 가지고 있다. 알은 0.3mm정도로 아주 작고 길쭉하며 식물체내 부드러운 조직 속에 있다. 조기 발견을 위해서는 새순 발생시기, 출뢰시, 개화시 등에 흑색 또는 백색 용지를 밑에 대고 털었을 경우 종이 위에서 미세한 먼지 같은 것들이 움직이면 이들이 총채벌레일 가능성이 높다. 최근 시설재배 작물에서 많이 발생되고 있다.

알은 식물체 속에 산란하며 번데기에는 잎이나 토양 속에서 생활하므로 1회 약제 살포로는 방제가 어렵다. 따라서 3일 정도 간격으로 3회 이상 집중 방제하는 것이 바람직하다. 또한 수확기에 총채벌레가 문제되지 않도록 어린나무 시기(幼苗期)에 집중 방제하는 것이 바람직하다.

(http://tolweb.org/Thysanoptera;
http://insects.tamu.edu/fieldguide/orders/thysanoptera.html)
총채벌레류

(http://www.ctahr.hawaii.edu/nelsons/mango/mango_red_banded_thrips_1.JPG)
총채벌레에 의한 피해 모습

■ **망고 멸구류(Mango Leafhopper)**

망고를 가해하는 멸구는 2가지 종류가 있다. 멸구가 상당히 크고 암녹색을 띠는 종류와 크기가 작고 회색을 띠는 종류이다. 이 2종류의 멸구는 망고의 개화기에 많은 피해를 준다. 성충과 약충이 꽃자루을 먹으면서 피해를 주는데 심한 경우에는 낙화(落花)을 유발시켜 결실에 영향을 준다.

성충(成蟲)이 어린잎이나 화경(花莖)에 산란을 하기 때문에 피해가 크다. 또한 성충은 점액을 분비하는데 꽃자루 등에 그을음병을 유발시켜 발육에 악영향을 미친다.

(http://www.thaibugs.com/?page_id=454;
http://www.flickr.com/photos/ozwildbird/3561093278/)
Tenfaced mango hopper(좌)와 Mango plant hopper(우)

(http://agspsrv34.agric.wa.gov.au/ento/Surveillance/Image5.gif;
http://www.pestnet.org/Summaries/Pests/PestManagement/Chemicalcontrol/Syntheticpesticides/IdioscopusnitdulusMangoleafhopper/tabid/2201/Default.aspx)

망고 멸구에 의한 피해

■ 망고 응애(Tea Red Spider Mite)

망고 응애(*Oligonychus coffeae*)는 일본어로 '하다니'로 불리는 응애로 1996년 오키나와에서 발견되었다. 식해(食害)의 피해를 받은 잎은 백색의 반점의 흔적이 남고 심한 경우 광택을 잃고 황화(黃化)되어 잎이 떨어진다. 응애가 다량 발생하면 정아부분을 실로 덮어 신초를 고사시킨다.

(http://oisat.org/pests/insect_pests/mites/spider_mites.html)

망고 응애(상)와 망고 응애에 의한 피해 모습(하)

■ **망고 녹응애(Mango leafcoating mite) & 차먼지 응애(Broad mites)**

망고 녹응애(Cisaberoptus kenyae)는 일본어로 '사비다니'라 하며 주로 잎 표면에 발생한다. 성충은 0.15mm 정도로 매우 작으며 피해를 받은 잎은 색이 짙은 갈색으로 변색하기 전까지 특별한 병증이 나타나지 않는다. 피해가 심하면 잎이 황화되어 떨어진다.

(http://infonet-biovision.org/print/ct/124/crops)

망고 녹응애에 의한 피해

차먼지 응애(*Polyphagotarsonemus latus*)는 잎 뒷면에 발생한다. 성충은 0.2mm 정도로 매우 작고 피해가 발생하기까지 감염 여부를 알기 어렵다. 정아부분에 기생하면 발아되지 못하는 경우가 있고 꽃자루와 과실에 발생하면 상품 가치를 현저하게 저하시킨다. 응애류는 수화제 농약에 대하여 저항성을 가지기 때문에 개화 전에 유유제(油乳劑)로 방제하는 것이 효과적이다.

(http://www.ent.iastate.edu/imagegal/mites/twospot/3936.34smite2spot.html;
http://pest.ceris.purdue.edu/searchpest.php?selectName=ILAVCEA)

망고 차먼지 응애류 : Two Spotted Mite (좌)와 Oriental Red Mite (우)

■ 망고 광대파리(Mango Fruit Flies)

광대파리(*Dacus dorsalis*)는 매우 중대한 해충에 속하는데, 이들 파리의 구더기들이 잘 익은 망고를 먹으면서 검은 구멍들을 만든다. 광대파리 구더기의 피해를 받은 망고는 사람이 먹을 수 없는 상태가 되고 만다. 이 구더기들이 먹어버린 망고에서는 과일즙이 줄줄 새어 나오며 부패현상이 나타난다. 이러한 구더기들은 망고 과일에서 기어 나와 번데기가 되기 위하여 흙으로 들어가고, 번데기들은 나중에 광대파리로 성장하면서 새로운 알들을 망고 과일 안에 알을 낳는 일을 계속 반복하면서 망고에 피해를 준다.

(http://www.sciencephoto.com/media/370045/enlarge)

망고파리

(http://r4dreview.org/2009/10/biological-control-at-iita-past-present-and-future/;
http://www.cd3wd.com/cd3wd_40/Biovision/export/defaultct124$crops.html)

망고에 알을 낳는 망고파리(좌)와 망고 안에서 구더기가 나오는 모습(우)

■ 망고 깍지벌레(Scale Insect)

망고의 깍지벌레(*Coccus hesperidum*)는 몇 종류가 있지만 여기에서는 연한 갈색 깍지벌레(Soft brown scale)를 소개하고자 한다. 이 깍지벌레는 매우 작은데 그 길이가 대개 1~7mm 정도이다. 이들은 사진에서 볼 수 있는 바와 같이 작은 개미들이 열매와 나뭇잎에서 깍지벌레들을 이동시켜가면서 돌보고 있다. 이 깍지벌레는 일반적으로 망고나무에서 발견되지만 감귤류, 오일 팜(oil palm)나무, 바나나(banana), 사탕수수(sugar cane) 등과 같은 열대과일나무에도 피해를 주고 있다.

깍지벌레는 과일나무의 부드러운 부분을 공격하며 한 곳에 붙어 앉아서 수액(樹液)을 빨아먹으며 여름철에 본격적인 피해가 시작된다. 그렇게 되면 나무가 생기를 잃게 되며 자라지 못하고 결국은 죽게 된다. 감염된 가지를 잘라서 불에 태우는 것이 방제방법의 하나이다. 또한 디메토에이트(Dimethoate)나 포스포미돈(Phosphomidon)과 같은 약제를 사용하는 것도 깍지벌레 방제에 효과적이다.

(http://pip.coleacp.org/files/documents/GBPP%20Organic%20Mango%20UK%20BD%20(JAN08).pdf; http://infonet-biovision.org/default/ct/124/crops)

망고 깍지벌레에 의한 피해

■ 망고 새순벌레(Shoot Borer)

장성한 나방은 초록 앞날개를 소유하며 뚱뚱하다. 어린 애벌레는 노란 오렌지색이다. 완전히 자란 애벌레(20~24mm)는 흉한 점들이 있는 진한 핑크색을 지니고 있다.

새순벌레(*Chlumetia transversa*)는 부드러운 잎의 중간에 구멍을 뚫거나 새순에 구멍을 내고 굴을 뚫고 들어가면서 피해를 주고 있다. 만약 새순벌레의 피해를 입은 나뭇잎은 시들어서 떨어지고 만다. 이러한 벌레가 방생하면 초기에 피해를 입은 새순을 잘라서 폐기시켜야 하거나, 심한 피해가 발생할 경우에는 카바릴(Carbaryl)을 살포해야 한다. 일반적으로 새순벌레가 발생하기 시작한 이후 3주 동안에 2회 정도 살포하는 게 효과적이다.

(http://www.mangoseedling.com/culturalmgmt.html;
http://agbsc.blogspot.com/2011/06/mango-insect-pest-pictures.html)

망고의 새순벌레에 의한 피해

■ 망고 잎거미(Leaf Webber)

망고 잎거미(*Orthaga euadrusalis*)는 흔히 남부 인도의 평원에서 발견되고 있다. 애벌레는 가늘고 검은 띠를 하고 있는 밝은 초록색이며 알은 나뭇잎에 클러스터 형태로 많이 낳는다. 알에서 부화한 애벌레는 망고 잎을 탐욕스럽게 갉아먹는다. 성장한 잎거미는 부드러운 새순과 잎에 거미줄을 치다가 꽃이 피면 개화된 꽃봉오리들도 나뭇잎과 함께 거미줄로 둘러싼다. 이러한 현상이 망고에 발생한다면 나뭇잎과 거미집 등을 제거하여 폐기시키고 살충제를 산포하여야 한다.

(http://www.bitterrootrestoration.com/mango/leaf-webber-orthaga-euadrusalis.html)

망고 잎거미에 의한 피해

■ 망고 바구미(Mango Stone Weevil)

망고 바구미(*Sternochetus mangiferae*)는 망고의 씨앗 내부에 기생하는 단식성(單食性) 해충이다. 암컷이 망고의 외과피(外果皮) 또는 익은 망고과일의 외피(外皮) 속에 알을 낳는다. 알에서 깨어난 구더기가 과육에 구멍을 뚫고 들어가서 종자의 껍질인 종피(種皮)를 먹기 시작한다. 그리하여 떡잎에 피해를 준다. 바구미의 알은 작은 흰색이다. 성장한 바구미는 5~8mm 정도이니며 통통하고 짙은 갈색이다.

바구미의 생애주기는 6~7월경에 40~50일에 끝난다. 그 후에는 다 성장한 바구미는 다음 과수시즌까지 동면을 취한다. 일 년에 한 세대만 활동하는 셈이다. 방제방법은 발견된 과일을 폐기하고 흙속에서 동면하는 바구미를 파헤쳐서 방제하는 방법이 가장 효과적이다. 때로는 살충제인 펜티온(Fenthion) 0.01%를 살포하는 방법도 있다.

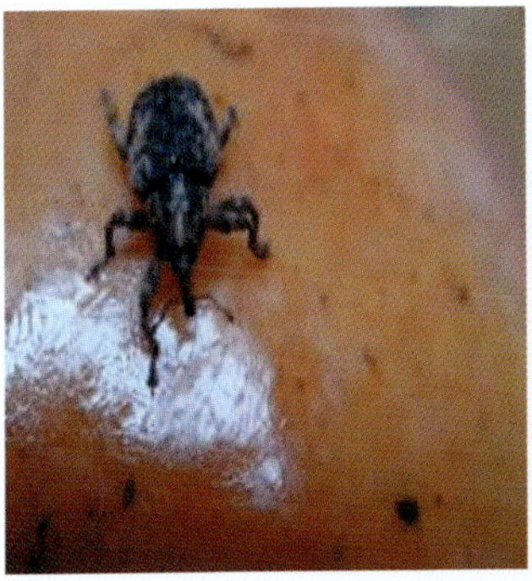

(http://infonet-biovision.org/default/images/100/pests)

망고 바구미(좌)와 망고의 피해 모습(우)

■ 망고 이(Mango psyllid)

망고 이(*Microceropsylla nigra* Crawford)는 차먼지응애와 같이 잎 뒷면에 주로 발생하고 그을음병을 발생시킨다. 성충은 0.9mm 전후로 매미와 비슷하게 생겼다. 성충은 새로운 잎의 잎맥에서 수액(樹液)을 빨아 먹고 잎을 황화시켜 낙엽을 유발시킨다.

(http://pested.ifas.ufl.edu/newsletters/july2008/asian.htm)

망고 이

■ 망고 진디(Mango Mealy Bug)

망고 진디(*Drosicha mangiferae* Green)는 일단 발생하게 되면 망고 과일을 심각하게 훼손시킨다. 망고 멸구류처럼 광범위하게 발생하는 경우는 아니지만 그래도 과실 자체가 작아지거나 아예 자라지 못하게 한다. 납작하면서도 통통하고 큰 암컷을 쉽게 발견할 수 있는데 하얀 가루로 덮여 있다. 암컷은 5월 중에 나무줄기 지하 5~15cm 정도 깊이의 흙덩이에 알을 낳는다. 그런 다음에 12~1월에 애벌레가 무리지어 나무 위로 기어 올라와 어린 새싹과 꽃자루의 즙을 빨아먹는다. 그 결과 피해를 받은 부위가 마르게 되고 과실 생산성은 심각하게 감소하게 된다. 이 진디가 나무 꼭대기로 올라가면 방제가 어려워진다. 따라서 큰 피해를 막기 위해서는 조기 발견이 중요하다.

(http://mye-musings.blogspot.com/2010/03/march-mango-n-mealy-bug.html)

망고 진디(상)와 망고 진디에 의한 피해(하)

■ 생리적 장해

▪ 저온장해

저온장해는 같은 품종이라 하더라도 장해가 나타나는 온도는 7~13℃까지 다양하다. 봄철의 개화기에 비가 내리거나 온도가 낮아지면 과일생산에 지장이 생기고, 온도가 4.4℃(또는 40°F)가 되면 망고의 개화에 피해를 준다. 성숙한 망고나무는 -4℃(또는 25°F)에서 몇 시간은 생존할 수 있으나 잎이나 작은 가지는 피해를 입는다. 그러나 어린 망고나무는 -1.7~-1.1℃가 되면 죽게 된다.

망고과일을 저온 저장 후 상온으로 옮겼을 때 저온장해는 과피에서 증상이 나타난다. 저온장해 증상으로는 갈색 병반과 회색 얼룩 등이 있다. 망고가 저온 장해를 입으면 후숙이 불균일해지고 향미나 풍미의 발현에 문제가 생긴다. 그리고 부패가 발생하기 쉽다.

미후숙과나 후숙이 진행 중인 과실은 저온 장해에 민감하다. 그러나 후숙이 완료된 과실은 저온 저항성이 비교적 강하지만 급격히 냉각하는 것보다 천천히 온도를 낮추는 것이 저온 장해의 증상을 완화시킨다.

(http://www.cci-fed.org.lb/English/sub.aspx?pageid=683)
저온에 의한 장해 증상

■ 내부붕괴(Internal Breakdown)

주로 인도의 알폰소 품종에서 발생하는 심각한 장해이다. 증상은 과실을 절단해야만 식별이 가능하고 과육의 색깔이 옅어지거나 연화 혹은 스펀지화 된다. 과육 내부에 구멍이 생기기도 하는데 경우에 따라서는 악취를 동반한다. 수확한 과실을 직사광선 아래에 두었을 경우 내부 붕괴가 일어나기도 한다.

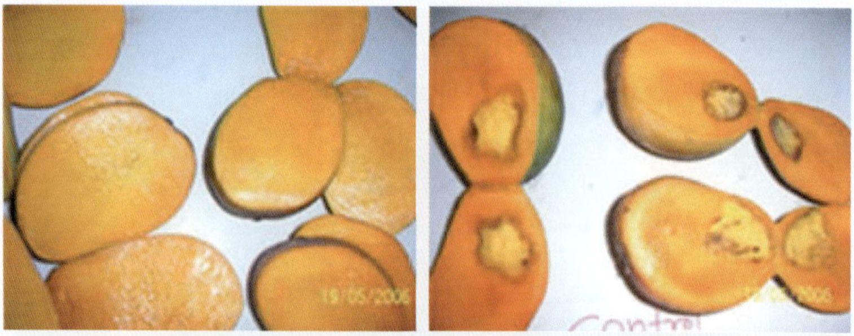

(http://trivedifoundation.us/default2.aspx?cid=225)

정상 망고(좌)와 내부붕괴 망고(우)

■ **젤리종자(Jelly Seed)**

젤리종자는 질 등의 몇몇 품종에서 보고되고 있다. 장해가 있는 과실을 절단하면 반투명하게 연화된 조직이 종자 주위를 걸쳐 과병부까지 퍼져 있다. 시간이 지나면 과육 전체가 젤리처럼 변하고 과숙된 것처럼 보이기도 한다. 조금 일찍 수확하거나 품종을 바꾸는 방법이 유일한 방제법이다.

(http://www.nihhs.go.kr/farmer/technology/crops02_list.asp)

젤리 종자 증상

■ 말단연화(Soft Nose)

일반적으로 켄트, 하이든, 센세이션 품종 등의 완숙과에서 나타나는 장해로 보고되고 있다. 과실이 가지에 매달린 채 숙성이 시작될 때 과실의 끝 부분이 연화가 되는 장해이다. 장해가 발생한 과실은 회색의 스펀지와 같은 과육을 볼 수 있으며 심각한 악취가 발생한다.

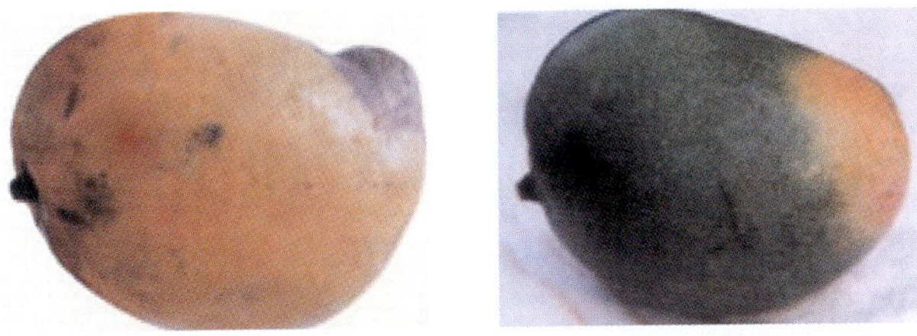

(http://ikisan.com/Crop%20Specific/Eng/links/ap_mangoDisease%20Management.shtml)
말단연화에 의한 피해

■ 스펀지화 조직(Spongy Tissue)

알폰소 품종에서 발생하는 심각한 장해로 과육 일부 혹은 전체가 스펀지화 되는 현상을 말한다. 수확을 일찍 하거나 수확 후 에틸렌 처리를 하여 후숙을 지연시키는 것이 억제 방법이다.

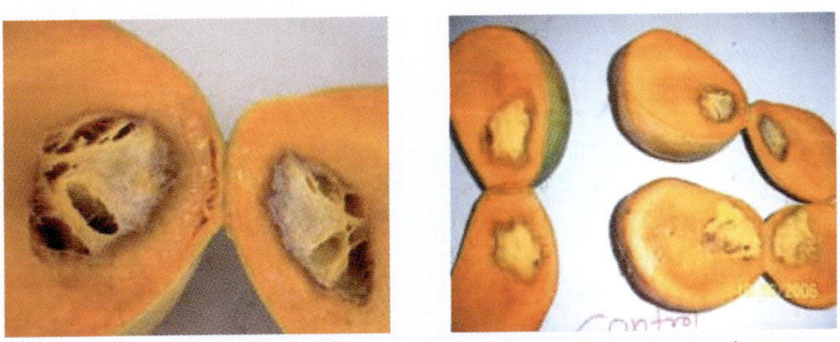

(http://trivedifoundation.us/default2.aspx?cid=304)
망고의 스펀지화 조직

Chapter 06

수확 및 수확 후 관리

수확

▪ 수확적기와 수확방법

망고 과실은 성숙하게 되면 어깨부분이 두꺼워지고 과정부는 완만한 원형, 과경부는 오목하게 들어간다. 어원 품종에서는 어깨부에서 과정부에 걸쳐 과피색이 홍색에서 선홍색으로 변하고 머지않아 짙은 색이 소실되면서 방향이 난다. 수확적기는 판매형태에 의해서도 차이가 있는데 과색이 선명해지고 봉지를 통해서도 색의 변화가 확실히 나타난다. 과피색이 완전히 변하고 2~3일 후에는 완숙되어 낙과되면 상품성이 떨어지므로 대개 판매형태에 맞게 조금 일찍 수확한다.

수확방법은 손으로 과실을 서서히 떼어낸다. 과실을 가지에서 떼어냄과 동시에 가지 및 과실의 과병부에서 수액이 나와 과실을 오염시킬 수 있으므로 수확과 동시에 과실을 거꾸로 하여 과병부가 밑으로 향하게 한다.

수확기를 점검하고 있는 망고 전문가(Mr. Kyaw Wai Naing)

■ 선별 및 출하

시장에 출하는 계급, 등급, 상자크기, 개수 등 규격을 준수한다. 제주의 농가에서는 3kg 상자를 5~10과입 형태로 농가가 자율적으로 선별하고 있다. 특히 크기 구분을 엄격히 하고 과실에는 보증표를 부착한다.

상품(상자/3kg)포장 개수별 과실 크기 및 과중

구분	횡경(mm)	종경(mm)	과중(g/개)
5과	94.9	128.6	600.0
6과	88.5	116.3	500.0
7과	87.3	109.4	428.6
8과	82.0	108.2	375.0
9과	81.4	105.3	333.3
10과	77.5	99.8	300.0

자료 : 제주특별자치도농업기술원 농업기술정보 망고 수확 및 저장

상품을 분류하여 판매하고 있는 망고판매시장(미얀마)

■ 등급

[특]

- 선홍색이 70% 이상 착색
- 병해충 피해와 상처가 없음
- 일소가 없는 것
- 품종의 특성에 맞는 모양을 갖출 것

특등급에 해당하는 망고

[상]
- 선홍색이 30~70% 정도 착색
- 병해충 피해가 현저하지 않음
- 상처가 현저하지 않음
- 일소가 현저하지 않음
- 품종의 고유특성을 갖출 것

상급 망고 : 선홍색 30% 이상(좌)과 30% 이하(우)

시장에 출하는 망고는 다음과 같은 요건을 갖춰야 하는 것이 일반적이다.

- 수확은 과피가 진한 자색으로부터 진한 홍색으로 변했을 경우 실시
- 당도는 14°Brix 이상
- 병해충 피해, 상처, 일소, 기형 등이 없을 것
- 다른 품종과 혼합되지 않아야 함
- 크기 구분은 엄격히 준수
- 캡 및 매트를 사용해야 함
- 과실에는 품질 보증표 부착

등급별 분류 후 시장에 출하된 망고 (미얀마)

■ 저장

망고의 저장 중 탄저병을 방제하기 위해서는 과원에서부터 관리가 되어야 한다. 그리고 수확과 저장 단계에서 상처로 인한 얼룩과 혹은 과병부 부패가 발생할 우려가 있으므로 주의 깊게 다루어야 한다. 수확 후 병해를 억제하기 위해 열처리를 하거나, 살균제로 방제할 수 있다. 또한 왁스처리는 후숙과 이상한 냄새의 발생을 억제한다. 후숙된 상품을 유통하므로 포장 디자인도 중요하다. 망고를 1단으로 배열하고 부드러운 완충제로 덮어주는 것이 이상적인 포장 방법이다. 큰 상자 포장 시에는 환기 장치를 하는 것이 좋다.

저장 중에 망고가 후숙되면서 포장 내 기온이 상승되기 때문에 수확 후 24시간 이내에 온도를 낮추는 것이 좋다. 망고는 성숙과 숙성 과정에서 호흡이 급격하게 증가하는 호흡급등형 과실로 저장 중 한 개의 과실이 후숙되어 에틸렌 발생이 증가하면 다른 과실도 연쇄적으로 후숙이 일어난다. 따라서 포장 시 에틸렌이 잘 빠져 나갈 수 있는 다공성 필름을 사용하거나 에틸렌 흡착제를 처리한 포장재를 이용하는 것이 좋다.

망고의 상품성을 결정하는 요인으로 가장 큰 것은 부패율이며, 그 다음으로 병반정도, 과피마름 등이다. 이러한 현상들은 저장기간의 길어질수록 복합적으로 나타나는 것으로 확인되었다. 망고의 5℃에서는 25일 이내, 10℃에서는 18일 이내가 적정하고, 15℃와 20℃에서는 8일 이내가 적정할 것으로 판단되었다.

	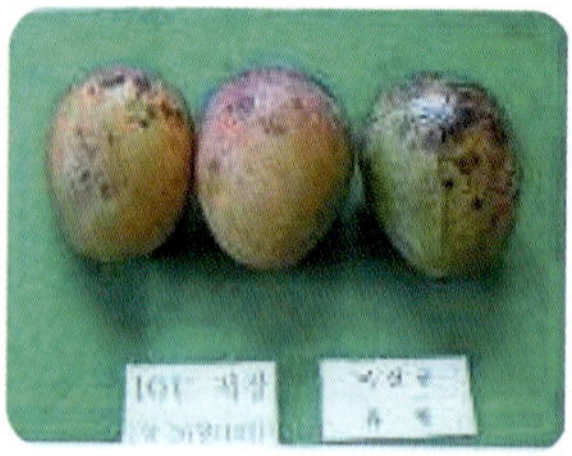
5℃	10℃
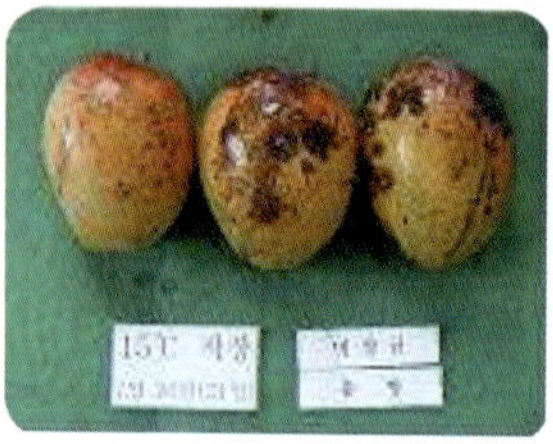	
15℃	20℃

자료 : 제주특별자치도농업기술원 농업기술정보

저장온도별 병반정도(저장 후 20일 경과)

망고 과일은 푸른색이지만 완전히 성숙되었을 때 수확한다. 익지 아니한 망고는 무척 신맛이 난다. 유기 망고 과일은 나무에서 익도록 한다. 그러나 너무 익은 망고 과일은 땅에 떨어져서 손상된다. 그렇기 때문에 대개 저절로 떨어지기 전에 수확을 하게 되는데 그럴 경우에는 상온(常溫)으로 종이에 포장해서 실내에 수일간 저장하면 잘 익는다. 잘 익은 망고과일은 냉장고에 저장해야 한다. 그런 후에 먹기 전에 냉장고에서 꺼내어 상온에 두면 망고 본연의 맛과 향기가 난다.

대개 망고의 저장창고나 저온수송차량의 내부 온도는 12.8℃ (또는 55°F) 정도가 적정하며, 적정한 습도는 90～95%가 요구된다. 일반적으로 소매점 전시판매의 경우 7～14일이 적절하며 그 이상이 되면 품

질의 저하가 급격하게 발생하게 된다.[54]

망고의 저장을 하더라도 품질이 저하되기 때문에 망고 과육의 색상을 참조하여서 시장 유통성의 한계선과 식용이나 가공용 사용의 한계선을 설명한 연구결과를 아래의 사진을 통하여 설명하고자 한다.[55] Kader교수의 연구에 의하면 망고 과육을 육안으로 검사했을 때 아래 사진에서 9~7의 수준은 식용 내지 가공으로 적당한 품질을 말하고, 5 수준이 되면 유통의 한계선이라는 것이다. 그리고 3 수준이 되면 사용의 한계선이고, 1 수준은 사용 불가능 수준이라는 것이다.

9 7 5 3 1

(http://www.mango.org/media/31003/fresh_cut_report)

망고 색상으로 본 유통 및 사용 한계성

---

54 http://producemarketguide.com

55 FRESH-CUT MANGOS AS A VALUE-ADDED PRODUCT (LITERATURE REVIEW AND INTERVIEWS) by Adel A. Kader, Postharvest Horticulture Consultant, Kader Consulting Service, P.O.Box 600, Davis, CA 95617, USA.

Chapter 07

영양 및 가공

■ 망고의 시식

저장되었거나 수확된 망고 과일을 먹기 위해서는 수돗물이나 흐르는 찬물에 잘 씻어서 먼지나 잔유농약성분을 제거해야 한다. 그리고 부드러운 천으로 과일 표면을 잘 닦는다. 망고 과일은 본연의 맛과 향을 즐기기 위하여 다른 첨가물을 넣지 않고 먹어야 한다. 망고의 시식방법을 소개하면 다음과 같다.

(http://toptropicals.com/html/toptropicals/articles/fruit/varieties_mango.htm)

신선한 망고의 시식 방법

중앙의 단단한 씨앗을 염두에 두고 세로로 쪼갠다(❶~❷). 그런 후에 껍질과 과육을 분리시키도록 자르고 나서 다시 과육을 작은 입방체로 자른다(❸ ~ ❹). 또는 날카로운 칼로 두 조각으로 쪼갤 수도 있다. 그런 후에 사진에서처럼 과육을 입방체 형태로 쪼개여 먹는다(❺ ~ ❻).

참고로 망고 시식의 몇 가지 요령을 설명하자면 다음과 같다.

- 망고 과육에는 다른 첨가물을 넣지 않는다.
- 신선한 망고 과육 입방체를 과일 샐러드에 넣으면 훌륭한 샐러드가 된다.
- 망고 주스에 얼음을 넣어서 마시면 매우 맛있는 주스가 된다.
- 망고 주스에 우유를 섞으면 '망고-밀크셰이크'(mango-milk shake)가 된다. 망고 과일은 또한 잼이나 아이스크림 그리고 사탕상품에 사용된다.
- 덜 익고 푸른 망고는 절임(pickle)이나 처트니(chutney, 카레 따위에 치는 달고도 매운 인도 원산의 조미료)를 만드는데 사용된다.

■ 영양분석

망고과일은 식이섬유, 비타민, 미네랄, 다가(多價) 페놀(phenol: 동일 분자 내에 수산기를 2개 이상 갖는 페놀) 항산화 복합체가 풍부한 과일이다. 그래서 망고과일은 대장암, 유방암, 백혈병과 전립선 암 등을 예방하는 데 도움이 되는 것으로 밝혀지고 있다. 특히 유방암과 대장암 예방에 좋은 효과가 있는 것으로 알려졌다.

신선망고(Mangifera Indica) 100g 당 영양분

구 분	영양분	RDA[2] %	구분	영양분	RDA %
열량	70 Kcal	3.5	전해질		
탄수화물	17 g	13.0	나트륨	2 mg	0
단백질	0.5 g	1.0	칼륨	156 mg	3
지방	0.27 g	1.0	미네랄		
콜레스테롤	0.0 mg	0.0	칼슘	10 mg	1
식이섬유	1.8 g	4.5	구리	0.11 mg	12
비타민			철	0.13 mg	1.5
엽산	14 mcg	3.5	마그네슘	9 mg	2
나이아신	0.584 mg	3.5	망간	0.027 mg	1
판토텐산	0.160 mg	1.0	아연	0.04 mg	0
비타민 B_6	0.134 mg	10	Phytonutrients[1]		
리보플라빈	0.057 mg	4	베타 카로틴	445 mcg	-
티아민	0.058 mg	5	알파 카로틴	17 mcg	-
비타민 C	27.7 g	46	베타 황화색소	11 mcg	-
비타민 A	765 IU	25.5	루테인	0 mcg	-
비타민 E	1.12 mg	7.5	리코핀	0 mcg	-
비타민 K	4.2 mcg	3.5			

주 : 1) 항산화색소로서 카로티노이드(carotenoid, 동·식물에 함유된 황·적색 색소)와 다가(多價) 페놀(poly phenol, 동일 분자내에 수산기를 2개 이상 갖는 페놀) 등을 의미함.
2) Recommeded Daily Allowance (일일권장량)
자료 : 미국 USDA 국립영양분 Data Base(http://www.nutrition-and-you.com)

망고과일은 비타민 A와 베타 카로틴(beta carotene), 알파 카로틴(alpha carotene), 베타 크립토산틴(beta cryptoxanthin)[56] 등과 같은 플라보노이드(flavonoid)[57]가 풍부하게 함유되어 있다. 이러한 복합체는

56 베타 크립토산틴(beta cryptoxanthin)은 비타민 A의 주 원천인데, 열대과일 망고, 오렌지, 감귤, 파파야 등에 많이 함유되어 있다. 이 베타 크립토산틴은 관절염(arthritis)과 같은 특정 만성질환의 위험에 직면한 사람들에게 건강혜택을 주는 것으로 알려져 있다 (http://www.raysahelian.com/betacryptoxanthin.html)

57 인체에 있어서 대부분 플라보노이드(flavonoid)의 기능은 노화방지제(antioxidant)의 역할이다. 결국 '비타민 P'라고도 하는 플라보노이드가 많이 함유된 식품은 혈관 파열이나 혈액의 누출을 방지하고, 인체

항산화[58] 역할을 하고 있으며 시력(視力)에 필수적이다. 신선 망고의 100g은 비타민 A 일일권장량의 25%인 765 mg을 함유하고 있으며 건강한 인체의 점막과 피부 유지에 필수적인 영양소이다. 카로틴이 풍부한 자연과일은 폐암와 구강암을 예방하는 것으로 알려져 있다.

망고는 칼륨(potassium)의 매우 풍부하게 함유되어 있는데, 칼륨은 맥박과 혈압을 통제하는 세포와 체액의 중요한 구성요인이다. 또한 망고는 피리독신(Pyridoxine, 비타민 B_6),[59] 비타민 C, 비타민 E 등의 좋은 공급원이기도 하다. 비타민 C가 풍부한 식품을 소비하면 전염병에 면역성을 기르고 몸에 해로운 유리기(free radicals)를 청소하는데 도움이 된다. 피리독신(Pyridoxine, 비타민 B_6)은 뇌에서 GABA[60] 호르몬 생산에 필수적이다. 동시에 이 복합체는 혈관에서 관상동맥질환(CAD, coronary artery disease)과 마비를 일으키는 아미노산 일종의 시스테인(cysteine)을 조절한다. 구리(copper)는 많은 주요효소의 공동인자로 적혈구 생산에 필수적이다.

내 비타민 C의 효력을 강화시키며, 세포를 산소피해로부터 보호한다. 그리고 인체 내에서 과도한 염증을 예방한다. 따라서 타박상을 쉽게 입거나, 코피 출혈이 잦거나 상처부위가 과도하게 붓고 잦은 감기 또는 병의 감/전염이 쉬운 경우에는 이러한 플라보노이드가 다량 함유된 과일이나 식품을 섭취할 필요가 있다 (http://www.whfoods.com/genpage.php?tname=nutrient&dbid=119).

58 항산화제는 몸 조직에서 세포분자의 산화손상을 지연시키거나 억제하는 물질로 정의된다. 산화손상이란 산소를 함유한 유리기(free radicals), 예를 들어 과산화기(superoxide radicals), 수산화기(hydroxyl radicals), 오존 등이 우리 몸의 세포분자를 공격하는 것을 의미한다 (http://www.sodinfo.kr/02_sod/sod_02_2.html?pagenumber=10&idx=37).

59 Pyridoxine은 비타민 B_6의 기능을 가진 물질로서 쌀겨 · 효모 등에 들어 있는데, 이 성분이 모자라면 면역체계가 손상을 입어서 동물이 잘 자라지 못하고 피부병을 일으키는 것으로 알려져 있다 (http://www.ncbi.nlm.nih.gov/pmc/articles/PMC2431500/).

60 GABA(gamma amino-butyric acid, 감마아미노낙산(酪酸))으로서 신경 전달 물질의 하나이다. 이를 좀 더 구체적으로 설명하면, GABA는 인체에서 성장호르몬의 향상에 도움을 주는 역할을 하며, 인체의 수면, 성장 호르몬, 그리고 근육형성에 필수적 영향을 준다 (http://www.healthsuperstore.com/p-ast-gaba-advanced-performance.htm).

■ 망고의 10대 건강혜택

망고는 여름철에 풍부하다. 망고는 '과일의 여왕'이라고 알려졌는데 그것은 그저 의미 없이하는 말이 아니다. 이 과일은 다이어트와 가정요법에서 자주 사용되는 과일로서 아미노산, 비타민 C와 E, 플라보노이드(flavonoid), 베타-카로틴(β-carotene), 나이아신(niacin), 칼슘(calcium), 철(iron), 마그네슘(magnesium), 그리고 칼륨(potassium) 등이 풍부한 과일이다.

약 4,000년 전에 야생 망고가 인도와 미얀마의 히말라야 산의 구릉지대에서 서식했다는 사실은 이미 설명한 바와 같다. 그래서 지금도 이 야생 망고의 40% 정도는 인도에서 그리고 나머지는 동남아시아에서 자라고 있다. 그러나 이러한 야생 망고는 오늘날 우리가 재배하고 있는 망고보다 그 품질이 매우 열악해서 크기가 매우 작고, 섬유조직이 강하고 맛이 없었다. 이렇게 시작되었던 망고가 지금은 거듭된 육종과정을 거쳐서 영양소도 풍부하고 맛도 향상되어 인체의 건강에 매우 긴요한 과일로 거듭난 것이다.

다음 아래에서는 망고를 먹음으로서 얻을 수 있는 수많은 건강 및 영양 혜택을 간략하게 10대 혜택으로 요약해서 설명하고자 한다.

(1) **항암제(抗癌劑)** : 망고에 함유되어 있는 풍부한 효소는 물론이고 케르세틴(quercetin), 아이소케르시트린(isoquercitrin), 아스트라갈린(astragalin), 피세틴(fisetin), 갈산(gallic acid), 메틸갈랏트(methyl-gallat) 등과 같은 페놀(phenol) 성분은 암을 예방하는 능력을 가지고 있다. 망고에는 동시에 망고에는 동시에 펙틴(pectin)으로 알려진 가용성 식이섬유를 포함하고 있다. 과학자들은 다량의 식이섬

유를 섭취하는 것과 위장계통의 낮은 암 발생과 강한 연관성이 있는 것을 증명하고 있다. 얇게 자른 약 165g 정도의 망고 조각은 일일권장 비타민 C의 76%를 함유하고 있는데, 이 비타민 C는 유리기(遊離基, free radicals) 침해로부터 세포를 보호하고 암의 위험을 절감시키는 강력한 항산화제 기능이 있다고 한다. 따라서 항산화제가 풍부한 망고를 규칙적으로 먹으면 암과 심장질환을 예방할 수 있으며, 동시에 콜레스테롤 수치를 낮추어 준다.

(2) **눈의 건강** : 얇게 썬 망고 조각 한 컵은 일일권장 비타민 A의 25%를 제공하는데, 이는 좋은 시력을 유지하게 만든다. 그러므로 규칙적으로 망고를 먹게 되면 야맹증, 난시(refractive errors), 눈동자의 건조증, 각막의 연화(軟化), 눈의 가려움증과 충혈을 예방할 수 있다.

(3) **소화촉진** : 망고는 단백질 분해를 돕고 소화를 돕는 소화효소를 함유하고 있다. 동시에 망고는 위를 진정시키는 효소를 갖고 있기 때문에 위의 산성을 중화시키고 소화불량을 개선한다. 망고에 포함되어 있는 풍부한 식이섬유로 인하여 규칙적인 변을 보는데 도움을 줄 수 있어서 변비를 예방하는데 도움을 준다.

인도에서는 망고 껍질을 달인 즙을 위점막 염증이 있는 사람에게 먹인다. 씨앗이 아직 단단하게 여물지 못한 부드러운 망고 한두 개 정도를 소금과 꿀과 함께 먹으면 여름철 설사, 이질, 치질, 아침구역질, 소화불량, 만성 소화불량증 및 변비에 매우 효과적이라고 밝혀졌다.

(4) **피부보호** : 망고는 피부의 막힌 흡수공(吸收孔)을 제거하는 데 효과적이다. 이는 피부의 막힌 흡수공 때문에 발생하는 여드름(좌창,

痤瘡)으로 고생하는 사람들이 망고로부터 혜택을 얻을 수 있음을 의미한다. 간단하게 말하자면 망고 과육(果肉)을 떼어내서 인체 피부에 10분 정도만 붙였다가 물로 씻어내면 효과를 볼 수 있다. 그렇기 때문에 망고를 규칙적으로 먹으면 피부 빛깔이 아름답게 되며 피부를 부드럽고 윤기가 나게 한다.

(5) **당뇨병과 담석증** : 망고는 점차 당뇨병 치료제로서의 환호를 받고 있다. 망고나무의 잎은 혈액의 인슐린 수준을 정상화시키는 데 도움을 준다. 물에다가 망고나무 잎 몇 개를 끌인 후 밤새 담궈둔다. 아침에 그 달인 즙을 체에 걸러서 마신다. 그렇게 되면 혈당지수가 41~60 범위로 낮아지게 된다. 다른 방법으로는 취침 전에 망고 잎 10~15개 정도를 따뜻한 물에 넣고 다음날 아침 공복에 마시면 당뇨병이 개선된다.

또 놀라운 것은 건조시켜서 가루로 만든 망고나무 잎을 하루에 10g 정도씩 큰 컵의 물에다 담궈서 하룻밤을 보낸 후 마시면 담석과 신장결석이 빠져나가는데 도움이 된다는 것이다.

(6) **성(性)생활** : 망고에 풍부하게 포함되어 있는 비타민 E는 성 호르몬 조절에 도움을 주어서 성욕을 향상시킨다. 많은 망고의 품종에는 망고 한 개당 약 2.3~3.0mg의 비타민 E가 포함되어 있다.

(7) **빈혈증** : 망고는 철분이 많기 때문에 임산부와 빈혈증 환자에게 도움을 줄 수 있다. 또한 망고에 함유되어 있는 비타민 C는 쌀밥과 같은 식물성 식사에서 철분 흡수율을 높인다. 일반적으로 폐경기(閉經期)가 지난 여성들은 몸이 약해지기 때문에 철분이 많은 망고나 기타 과일을 먹어야 한다. 특히, 임산부는 하루에 최소한 한 개의 망고를 먹어야 한다. 왜냐하면 망고에 포함된 칼슘과 마그네

숨은 근육을 풀어주고 스트레스를 해소시키며 유산을 예방하기 때문이다.

(8) **기억력 향상** : 망고는 기억력을 향상시키고 세포를 활동적으로 유지하게 만드는데 유효한 글루타민(glutamine) 산(酸)을 함유하고 있기 때문에 공부의 집중력이 떨어진 아동들에게 유익하다.

(9) **열사병 예방** : 펙틴의 풍부한 자원인 덜 익은 망고를 쪄서 즙을 만들어서 쿠민(cumin),[61] 암염(岩塩), 설탕과 함께 혼합하여 마시면 일사병이나 여름철 열사병에 대한 좋은 치료제가 된다.

(10) **체중 증가** : 망고는 몸무게를 늘리고자 하는 사람들에게 도움이 될 수 있다. 망고 100g은 75 칼로리를 포함하고 있다. 또한 설익은 망고는 과일이 익으면 설탕으로 전환되는 전분을 함유하고 있다. 그러므로 잘 익어서 달큼한 망고는 단백질이 풍부한 우유와 함께 먹으면 체중을 증가시키는데 매우 도움이 된다.

61 미나리과에 속하는 초본 식물로 씨를 향신료로 이용한다.

「세계암연구기금」(WCRF)의 암 예방 10가지 영양프로그램

1. **체지방 제거** : 체지방 지수를 규칙적으로 측정해서 건강범위 안에 있음을 확인해야 한다. 과체중은 암을 비롯한 각종 질병에 걸리기 쉽게 만든다.

2. **규칙적 운동** : 신체적으로 활동적일 때 신체가 암과 더 잘 싸울 수 있다. 매일 30분의 활기찬 걸음은 건강하게 보이고 좋은 기분을 느끼게 한다.

3. **설탕류 음식이나 음료 제한** : 설탕류 음식은 신체의 정상적 과정에 영향을 줄 수 있다. 과도한 섭취는 암 예방력을 저하시킬 수 있다.

4. **식물성 음식 섭취** : 초록색 채소류와 신선한 과일은 우리 몸이 암을 예방할 수 있는 영양분을 함유하고 있다.

5. **가공육이나 육고기(red meats) 감축** : 붉은 고기(쇠고기, 돼지고기, 양고기)와 가공육은 흰색 고기만큼 영양분이 풍부하지 못하다. 흰색 고기는 인체가 필요로 하는 단백질의 좋은 원천이다.

6. **금주** : 술은 에타놀(Ethanol)을 포함하고 있는데, 이는 혈액과 심장이나 뇌와 같은 주요기관의 정상적인 기능을 방해한다.

7. **염분섭취 주의** : 짠 음식과 소금으로 보존된 식품은 혈압에 부정적 영향을 미친다.

8. **보조식품에 과도한 의지 금지** : 보조식품은 건강에 좋을 수도 있다. 그러나 신체에 필요한 비타민이나 미네랄의 자연식품 원천이 있다면 보조식품에 과도하게 의지하지 않는 것이 좋다.

9. **모유(母乳)** : 어린아이는 적어도 6개월간은 모유양육을 하고 그 이후에는 다른 음식이나 음료를 추가하는 것이 가장 좋다. 모유양육은 유방암의 위험을 줄이고 어린아이의 비만을 예방하는데 도움이 된다.

10. **암 예방책 준수** : 암환자도 치료 후 재발을 위해서 건강한 식사와 체중 조절이 필요하다.

** 그리고 누구나 항상 기억할 것은 절대 금연(禁煙)이다!

(Nutrition Malnutrition, World Cancer Reaserch Fund, 2011)

망고는 설익거나 익은 채로 먹을 수 있다. 망고는 인체에 필요한 비타민과 다양한 미네랄의 좋은 원천이다. 그렇기 때문에 일상의 식단에 망고를 포함시키면 식이 섬유가 결여된 식사를 하는 것보다 인체의 건강에 많은 혜택을 줄 수 있다(*Top 10 Health Benefits of Mangoes*, http://www.lifemojo.com/lifestyle).

■ 망고의 가공

망고는 품종이 많아서 자두 정도의 작은 크기로부터 4kg에 달하는 큰 것까지 있고, 모양도 난(卵)형, 심장형, 장타원형 등 여러 가지 형태이다. 과피(果皮)는 약간 두껍고 보통 황색(黃色)이지만 환경에 따라 변화하기도 한다. 과육은 담황색에서 귤색에 이르기까지 다양하며 일반적으로 다즙(多汁)이다. 일종의 수지(樹脂) 냄새를 띠며 단맛이 강하고 풍미(風味, flavor)도 농후하다. 우량품은 섬유질이 적지만 불량품은 섬유가 많아 종자와 근육의 파열이 나쁘다. 생식이 대부분이고 후르츠칵테일, 샐러드, 쇼트케이크 등에 쓰이는 것 외에 침채류(沈菜類), 통조림, 주스, 넥타, 잼, 젤리, 퓨레(puree), 냉동 슬라이스 등으로 가공된다.

망고 가공의 과정은 세척, 껍질 벗기기, 얇게 쪼개기, 과육 착즙, 당도(Brix)와 신맛의 조정, 가열, 냉각, 포장 및 저장과정 등을 포함하고 있다. 가공된 주요 품목은 망고 과육/퓨레(puree)[62](약 13~18°Brix)와 망고 농축액(약 28-32°Brix)이라고 할 수 있다. 이 품목은 주스, 넥타, 잼, 그리고 다양한 과일 음료를 만드는데 사용되며 아이스크림이나 야쿠르트, 제빵 등에 사용되기도 한다.

62 퓨레(Puree)는 채소나 고기를 삶아 곱게 걸러 만든 수프 음료를 말한다.

(http://agric.wa.gov.au/PC_92665.html?s=1001)

망고 가공품

이러한 과정에서 일반적으로 망고의 품질에 따라 약간의 차이는 있지만 1kg의 망고 과육/퓌레를 가공하기 위해서는 2kg의 신선 망고가 필요하고, 1kg의 농축액을 가공하기 위해서는 4kg의 망고가 소요된다. 종자에서 성장한 나무에서 열린 망고는 접붙이기를 한 망고보다 생산율이 45~60% 수준이다. 그래서 일부 기업에서는 두 종류의 망고 과육을 혼합해서 소비자에게 출하하기도 한다.

〈망고 과육 가공 9단계〉

Ⅰ 단계	→	Ⅱ 단계	→	Ⅲ 단계
분류/세척	→	껍질 벗기기	→	얇게 썰기
Ⅵ 단계	←	Ⅴ 단계	←	Ⅳ 단계
가열	←	당도 & 산도 조절	←	과육착즙
Ⅶ 단계	→	Ⅷ 단계	→	Ⅸ 단계
냉각	→	포장	→	저장

자료 : http://www.pamco.bz/download/mango.pdf

(http://www.mango.org/media/31003/fresh_cut_report.pdf)

망고의 가공 단계 : 껍질벗기기(상)와 잘게 절단하기(하)

■ 망고 과육의 수출시장은?

인도는 망고 과육/퓌레의 세계 최대 수출국이며, 그 다음으로 멕시코와 콜럼비아 순이다. 인도는 세계시장의 63%를 점유하는데, 그 수출량의 70%는 중동지역이고 나머지는 유럽 12%, 북미가 5%를 차지한다. 멕시코와 콜럼비아는 주로 북미시장을 대상으로 수출을 하고 있다. 이집트는 세계 망고 과육 수출량의 5.5% 정도를 차지하며 주된 목표시장은 북아프리카와 중동시장이다. 그 외의 태국이나 필리핀은 동남아시장을 겨냥하고 있는 실정이다.

■ 망고 바(Mango Bar)

잘 익은 망고를 씻은 후 껍질을 벗긴다. 그리고 칼로 살세 쪼개어서 착즙기로 과육에서 주스를 짠다. 그 다음에 설탕, 레몬주스, 그리고 메타중아황산칼륨(Potassium metabisulphite; K_2S_2Os)을 과육(果肉)에 혼합한다. 굴절측정기(refractometer)에 의해 측정하면 총가용성고형물(total soluble solids)이 25% 정도의 값을 나타낸다.

이때 배합성분은 다음과 같다.

- 설탕 : 과육 중량의 10~15%
- 레몬주스 : 과육 1kg당 2스푼
- 메타중아황산칼륨($K_2S_2O_s$) : 과육 1kg당 2g

이렇게 준비된 과육을 70~80℃에서 2분 정도 가열한 후에 글리세린으로 코팅된 알루미늄 판에 붓는다. 이 과육은 1m^{2}의 알루미늄 판에 15kg 정도를 담는다. 그런 후에 이 알루미늄 그릇을 햇볕에 말리거나 태양열 건조기에 넣는다. 이 과육이 15% 정도의 습도를 지니고 일관성 있는 가죽형태를 지니게 되면 건조과정이 끝난다. 원료와 최종적인 망고 바의 비율은 약 12대 1이다. 건조된 과육을 두 세 겹으로 놓은 후 4×4cm의 크기로 쪼갠다. 그리하여 각 조각마다 셀로판 종이로 포장하여서 셀로판 봉지에 넣고 라벨을 부착하여 건조한 장소에 보관한다.

(http://www.tootoo.com/s-ps/mango-jelly--p-730242.html;
http://www.yummysweetshop.co.uk/product.php?prid=212974&pn=Naturo-Mango-Bars---Pack-of-6;
http://yaahoolimited.tradeindia.com/Exporters_Suppliers/Exporter19301.316731/Joy-Mango.html;
http://www.nandyala.org/mahanandi/archives/category/fruits/mango/)

망고 바 제품

망고 접수 (Reception)

⇩

세척 (Washing)

⇩

분류 (Sorting)

⇩

껍질분리 (Peeling)

⇩

절단 (Cutting)

⇩

착즙 (Juice Extraction)

⇩

혼합 (Mixing) ⇦ ($K_2S_2O_5$ + 설탕 + 레몬주스)

⇩

가열 (Heating)

⇩

접시에 옮김 (Juice Poured into Trays)

⇩

건조 (Drying)

⇩

절단 (Cutting)

⇩

포장 (Packing)

⇩

라벨부착 (Labelling)

(http://www.fao.org/docrep/V5030E/V5030E1Y.GIF)

망고 바의 가공 및 상품화 과정

■ 망고 슬라이스(Dried Mango Slices)

식이섬유가 없는 절반 정도 익은 과일을 사용한다. 망고를 씻어서 껍질을 벗기고 6~8mm 정도 두께로 칼을 이용하여 쪼갠다. 좋은 품질과 긴 저장기간을 지닌 완성품을 만들기 위해서는 망고조각을 다음과 같은 용액에 18시간 정도 담근다.

- 뜨거운 물 : 1리터
- 설탕 : 최대 40Brix(7~800g)
- 메타중아황산칼륨 : 물 1리터당 3g
- 레몬주스 : 물 1리터당 2스푼

(http://www.quinl.com/international/Dried+Mango+Slices+fruit+dehydrated+9543.html; http://www.21food.com/showroom/23273/product/Sunshine-Dried-Mango-Slice.html)

망고 슬라이스 제품

이렇게 준비된 조각들을 이 용액을 건져내서 글리세린으로 코팅된 알루미늄 판에다 놓은 후에 햇볕이나 태양열 건조기에다 말린다. 망고조각의 습도가 15% 수준이 되면 건조가 완료된다. 이처럼 건조된 망고조각들(150g)은 셀로판 포대에 넣어서 라벨을 붙이고 건조한 장소에 보관된다.

망고 바와 망고 조각들의 보관기간은 약 9개월이다. 왜냐하면 방부제를 사용하지 않을 경우 이들 가공품의 저장기간은 비교적 짧기 때문이다.

■ 망고주스(Mango Juice)

망고주스를 만들기 위해서는 완전히 익은 망고를 사용한다. 망고를 씻어서 껍질을 벗기고 칼로 잘게 쪼갠다. 과육의 착즙은 수동 또는 전동 착즙기로 실행된다. 끓는 물, 레몬주스 및 설탕이 과육에 첨가되어서 굴절측정기에 의하면 혼합물이 12%의 가용성고형물을 포함하게 되며 pH 3.5~3.8 수준을 유지하게 된다.

(http://www.sailusfood.com/2010/05/10/summer-coolers-fresh-mango-juice/;
http://www.21food.com/products/mango-juice-43286.html;
http://www.21food.com/products/orange-mango-juices-459467.html;
http://parthenonfoods.com/mango-happy-juice-rauch-p-3027.html)

망고 주스

망고주스를 만들기 위한 배합성분은 다음과 같다.

- 끓는 물 : 1kg의 과육당 1리터
- 설탕 : 1kg의 과육당 200g
- 레몬주스 : 1kg의 과육당 2스푼
- 병에다 주스를 채우고 수동식 기계로 병뚜껑을 덮는다. 저온살균작업은 병의 크기에 관련되어 있다.

망고주스의 저온살균

병크기 (ℓ)	예열 (preheating)	저온살균시간 (분)
0.33	예	20
0.50	예	25
0.75	예	30

동일한 용기에 망고주스 병들을 넣고 다음날 아침까지 식힌다. 그리고 물로 씻은 후 라벨을 붙이고 저장하는데, 이 주스 병들의 저장기간은 대개 12개월이다.

■ 망고 잼(Mango Jam)

망고 잼을 만들기 위해서는 잘 익은 망고와 덜 익은 망고 둘 다 사용한다. 우선 망고를 잘 세척한 후 껍질을 벗기고 칼로 잘게 쪼갠다. 이와 같이 준비된 망고 조각 무게의 60%에 해당하는 설탕이 필요하다.

http://www.thehoneystand.com/ths/node/68 (좌)
http://www.ayushveda.com/dietfitness/homemade-jam-recipes-mango-jam-grape-jam/ (중)
http://www.dpureworld.com/store/mango-jam.html(우)

망고 쨈

망고 잼을 만드는 방법은 다음과 같이 2단계를 거쳐 완성된다.

1단계 : 계산된 설탕 필요량의 70%와 망고 1kg당 2 스푼의 레몬주스를 혼합한다. 이 혼합물이 굴절측정기로 가용성 고형물이 50°Brix에 이를 때까지 계속해서 잘 섞는다.

2단계 : 계산된 설탕 필요량의 나머지 30%와 망고 1kg당 2 스푼의 레몬주스를 혼합한다. 이 혼합물이 굴절측정기로 가용성 고형물이 67~68°Brix에 이를 때까지 계속해서 잘 섞는다.

그런 후에 병 또는 항아리에다 잼을 채운다. 이 작업과정에서 병이나 항아리 내부에 들어 있는 공기를 제거하기 위하여 쨈을 나무 스푼으로 잘 섞는다. 그런 다음 병/항아리를 잘 잠근다. 그런 다음 망고 쨈의 병/항아리를 저장하기 전에 그 뜨거운 병을 식히고 씻고 라벨을 붙이는 것이 망고 쨈의 마무리 작업이다.

Chapter 08

망고의 무역 동향 및 경제적 분석

■ 가격과 수출입

세계 망고 생산국의 생산자 가격은 국가별로 큰 격차를 보인다. 지난 2006~2008년의 3년간 평균 생산자 가격을 UN/FAO의 자료에 근거해서 분석한 수치에 의하면 최저 가격은 남미(南美)의 내륙지역에 있는 볼리비아(Bolivia)의 US$85/톤으로 나타났다. 동시에 지난 3년간의 최고가격은 아프리카 북동부에 위치한 수단(Sudan)공화국의 US$3,203/톤으로 조사되었다. 결국 수단은 볼리비아 생산자 가격의 37배가 넘는 높은 가격인 셈이다. 그러나 세계에서 망고를 가장 많이 생산하는 인도에서는 US$538/톤으로 나타났다.

물론 이와 같이 지역간 또는 국가 간 가격의 큰 차이는 망고의 품종이나 생산비용을 비롯한 생산과 수요 및 시장 여건의 차이 그리고 현지의 인플레이션과 같은 경제적 여건에서 비롯되는 것으로 이해가 된다. 그런데 주요 생산국의 톤당 가격이 높은 국가는 수단의 US$3,203. 톤에 이어서 호주 US$2,017, 스페인 US$1,998, 중국 US$1,466, 인도네시아 US$534, 파키스탄 US$386, 멕시코 US$247, 그리고 브라질 US$109

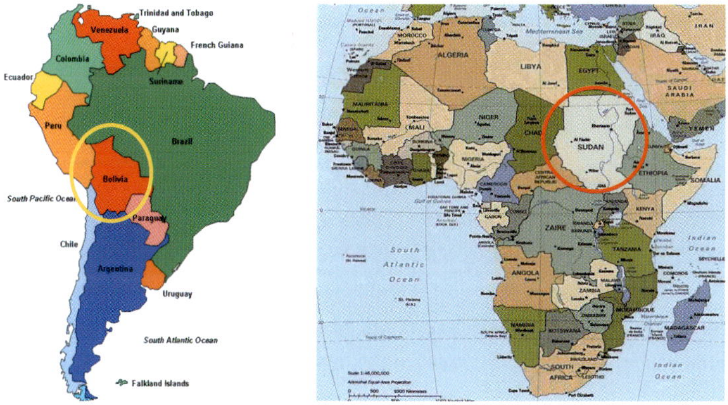

(http://www.flickr.com/photos/fraginal/4454669111/;
http://jaffinternational.tradeindia.com/Exporters_Suppliers/Exporter27063.519433/Indian-Mango-.html)

남미 볼리비아(좌)와 아프리카 수단(우)

등의 순으로 분석되었다. 주요 생산국 중에서 중국의 가격이 의외로 매우 높은 실정이다.

물론 이러한 생산자 수취가격에다 유통비용을 포함하게 되면 소비자 수취가격이나 수출가격은 매우 높아진다. 예를 들면 미국의 경우 지난 2008년 망고의 평균 농가수취가격은 US$348/톤이었는데, 이는 US$0.348/Kg을 의미한다고 할 수 있다. 그런데 같은 해 미국의 망고 소매가격(retail price)은 US$3.124/Kg으로 나타났다. 이는 농가수취가격의 약 9배 수준으로서 유통마진이 $2.779/Kg인 셈이다.[63]

이러한 유통마진의 격차는 국가마다 지역마다 다양한 여건과 이유로 인하여 상이하기 때문에 단순한 농가수취가격만으로 대외경쟁력을 설명하기에는 불충분하다고 할 수 있다.

---

63 가격정보는 http://producemarketguide.com를 참조. 미국에서는 대개 과일의 무게를 파운드(pound, lbs.)로 판매하는데, 이는 0.45359237Kg에 해당한다. 따라서 1Kg = 2.2 lbs.로 환산하면 된다.

농가수취가격 (단위 : $/톤)

Country	2006	2007	2008	평균	Country	2006	2007	2008	평균
Australia	2,027	1,937	2,089	2,017	Kenya	130	144	148	141
Bangladesh	309	327	426	354	Laos	795	905	1,050	917
Belize	583	620	644	616	Madagascar	271	321	450	347
Bhutan	1,068	1,172	1,126	1,122	Malawi	272	317	339	309
Bolivia	**79**	**81**	**95**	**85**	Malaysia	292	582	610	495
Brazil	**114**	**136**	**76**	**109**	Mali	271	173	202	216
Burkina Faso	144	156	175	1,582	**Mexico**	**316**	**228**	**198**	**247**
China	**1,489**	**1,237**	**1,672**	**1,466**	Mozambique	1,076	1,002	-	1,039
Colombia	246	374	449	356	Nepal	390	458	443	431
Congo	206	217	248	224	Palestine	513	853	2,268	1,211
Cook Islands	1,356	1,682	1,704	1,580	**Pakistan**	**365**	**395**	**398**	**386**
Côte d'Ivoire	230	261	296	262	Peru	186	173	147	169
Cuba	717	717	1,565	1,000	Philippines	365	290	424	360
Dominica	104	142	174	140	Puerto Rico	1,427	890	948	1,088
Egypt	393	534	619	516	St. Lucia	944	978	874	932
El Salvador	796	499	484	593	S. Africa	344	281	307	311
Ethiopia	99	226	230	185	Spain	1,688	2,022	2,283	1,998
Fiji	578	623	627	609	Sri Lanka	182	186	264	210
Guinea-Bissau	425	522	558	502	**Sudan**	**2,099**	**-**	**4,306**	**3,203**
Honduras	256	233	267	252	Suriname	1,236	969	965	1,057
India	**476**	**559**	**579**	**538**	U. S. A.	313	346	348	336
Indonesia	**446**	**525**	**630**	**534**	Venezuela	236	351	472	353
Iran	765	862	988	872	Yemen	641	709	783	711
Israel	1,214	1,285	1,552	1,350	**World**	**85**(최저) ~ **3,203**(최고)			

자료 : UN/FAOSTAT, 각년도.

최근 2년간(2007~2008) 전세계의 망고 연평균 수출량은 약 117.8만 톤이고, 망고를 연평균 1톤 이상 수출하는 국가는 88개국으로 나타났다. 그리고 연평균 100톤 이상의 망고를 수출하는 국가는 아래 표와 같이 63개국이다.

망고의 세계 수출국 현황 (단위 : 톤)

Country	2007	2008	평균	Country	2007	2008	평균
Austria	260	498	379	Jamaica	559	521	540
Bahrain	153	153	153	Jordan	100	122	111
Belgium	19,327	12,893	16,110	Kenya	3,160	5,949	4,555
Brazil	**116,271**	**133,944**	**125,108**	Lithuania	771	1,276	1,024
Burkina Faso	3,261	2,482	2,872	Malaysia	2,112	5,316	3,714
Cameroon	218	259	239	Mali	6,586	8,056	7,321
China	4,943	3,312	4,128	**Mexico**	**236,004**	**226,083**	**231,044**
Hong Kong	1,247	1,618	1,433	Myanmar	128	128	128
Colombia	268	396	332	**Netherlands**	**80,598**	**94,646**	**87,622**
Costa Rica	7,040	8,865	7,953	Nicaragua	5,668	3,737	4,703
Cote d'Ivoire	16,877	12,949	14,913	Nigeria	115	115	115
Czech	421	311	366	Pakistan	62,057	69,324	65,691
Djibouti	147	147	147	**Peru**	**82,512**	**82,696**	**82,604**
Dominica	3,294	4,779	4,037	Philippines	27,068	20,541	23,805
Ecuador	41,379	34,615	37,997	Portugal	357	564	461
Egypt	2,462	2,755	2,609	Vincent	246	375	311
Ethiopia	1,405	0	703	Saudi Arabia	271	64	168
Fiji	131	131	131	Senegal	8,846	6,648	7,747
France	17,165	9,721	13,443	Singapore	184	85	135
Gambia	952	71	512	Slovenia	171	464	318
Germany	6,040	8,703	7,372	Spain	6,558	6,570	6,564
Ghana	711	779	745	Sri Lanka	442	62	252
Greece	19	246	133	Sudan	836	52	444
Guatemala	20,490	20,315	20,403	Swaziland	104	104	104
Guinea	525	934	730	Syria	220	220	220
Guyana	907	902	905	Thailand	61,026	61,608	61,317
Haiti	8,408	8,282	8,345	UAE	16,367	11,463	13,915
Honduras	132	243	188	UK	1,580	1,064	1,322
India	**240,858**	**274,854**	257,856	Venezuela	1,854	1,414	1,634
Indonesia	1,198	1,908	1,553	Viet Nam	145	265	205
Israel	16,591	16,812	16,702	Yemen	11,189	20,066	15,628
Italy	326	356	341	**World**	1,161,099	1,194,651	1,177,875

자료 : 전게서.

한편, 망고의 최대 수출국은 연평균 25.8만 톤을 수출하는 인도이며, 그 다음으로는 멕시코 23.1만 톤, 브라질 12.5만 톤, 네덜란드 8.8만 톤, 그리고 남미 페루 8.3만 톤 순으로 기록되고 있다. 이들 5대 수출국의 망고 수출량은 전 세계 수출량 대비 약 67.0%를 차지하고 있다.

여기에서 흥미로운 점은 망고의 농가 수취가격이 세계에서 제일 낮은 것으로 밝혀진 남미의 볼리비아는 망고 수출 63개국에 포함되지 못하고 있다는 점이다. 낮은 가격 때문에 국내 공급량이 그만큼 충분하지 못한 여건일 수도 있을 것이다. 그러나 농가수취가격이 제일 높은 아프리카의 수단, 호주, 스페인, 중국, 인도네시아, 파키스탄, 멕시코, 브라질 등에서는 많은 양의 망고를 해외에 수출하고 있는 실정이다. 농가수취가격이 높더라도 수출전략이나 품질, 수출하부구조 등에 큰 영향을 받을 수 있음을 반영한 것으로 해석된다.

(http://www.airlineinfosite.com/south_america/;
http://www.guideforafrica.com/african-safaris/map-of-africa.html)

망고 수출 : 망고 팩키지(필리핀)

지난 2년간(2007~2008) 전세계의 연평균 망고 수입량은 약 92.8만 톤이었으며, 연평균 1톤 이상 수입하는 나라는 106개국인 것으로 집계되었다. 수출하는 나라보다 수입하는 나라의 수가 더 많을 것이다. 그 중에서 연평균 100톤 이상의 망고를 수입하는 국가는 다음 표에 요약된 바와 같이 69개국으로 밝혀졌다.

이들 69개국 중에서 가장 많은 양의 망고를 수입하는 국가는 미국으로서 지난 2년간 연평균 약 30만 톤을 수입하였다. 그 다음으로는 네덜란드의 12만 톤, 사우디 아랍(Saudi Arabia)의 7만 톤, 아랍 에미리트 연합(UAE)의 6만 톤, 그리고 영국의 6만 톤 등의 순으로 집계되었다. 한국은 1,725톤을 수입한 것으로 나타났다.

이들 5대 수입국의 망고 수입량은 60.6만 톤으로 세계 총 수입량의 약 65.0%를 점유하는 것으로 조사되었다. 특이한 점은 네덜란드(Netherlands)의 경우 망고의 수출량이 약 8.8만 톤인데 비하여, 수입량은 12.0만 톤으로 나타나고 있다는 점이다. 네덜란드는 주로 미국과 남미 브라질에서 많은 망고를 수입하면서 동시에 독일과 프랑스에 수출을 대량으로 하고 있는 나라이다.

망고도 다른 재화와 마찬가지로 단순히 가격조건 하나만으로 수출입이 결정되는 것이 아니고 수출입국의 여건, 소비자들의 선호도와 품질, 수출입업자의 비즈니스 방식 등과 같이 다양한 요소의 영향을 받는 것으로 되어 있는 것이다.

망고의 세계 수입국 현황 (단위 : 톤)

Country	2007	2008	평균	Country	2007	2008	평균
Argentina	517	729	623	Kuwait	10,814	13,133	11,974
Austria	3,298	4,369	3,834	Laos	2,079	4,852	3,466
Bahamas	177	199	188	Libya	1,494	697	1,096
Bahrain	2,622	3,029	2,826	Lithuania	444	1,715	1,080
Barbados	247	6289	268	Luxembourg	354	373	364
Belgium	23,739	20,834	22,287	Malaysia	23,087	21,201	22,144
Botswana	1,082	1,525	1,304	Maldives	376	392	384
Brunei	707	248	478	Mexico	2,161	2,007	2,084
Bulgaria	130	89	110	Morocco	482	715	599
Burkina Faso	170	47	109	Nepal	12,077	7,968	10,023
Cambodia	1,523	1,282	1,403	**Netherlands**	**111,830**	**127,659**	**119,745**
China	609	663	636	Norway	3,593	4,175	3,884
Hong Kong	22,783	18,558	20,671	Palestine	1,800	1,800	1,800
Macao	672	615	644	Poland	2,514	2,575	2,545
Colombia	2,722	5,078	3,900	Portugal	14,332	16,231	15,282
Costa Rica	64	190	127	Qatar	3,308	2,688	2,998
Cyprus	214	182	198	**ROK**	**1,784**	**1,666**	**1,725**
Czech	2,846	3,038	2,942	Romania	384	445	415
Denmark	2,141	2,588	2,365	Russia	4,517	6,123	5,320
Djibouti	1,422	1,422	1,422	**Saudi Arabia**	**45,660**	**99,069**	**72,365**
El Salvador	879	995	937	Serbia	49	48	49
Estonia	184	184	184	Singapore	19,405	18,415	18,910
Finland	544	826	685	Slovakia	835	832	834
France	39,397	32,211	35,804	Slovenia	354	689	522
Germany	46,762	51,865	49,314	Spain	16,603	18,216	17,410
Greece	1,437	1,125	1,281	Swaziland	235	235	235
Honduras	3,011	2,236	2,624	Sweden	3,637	3,760	3,699
Hungary	364	497	431	Switzerland	5,933	7,039	6,486
India	104	171	138	Thailand	753	156	455
Indonesia	1,088	969	1,029	Turkey	130	151	141
Iran	1,765	2,161	1,963	**UAE**	**66,255**	**56,150**	**61,203**
Ireland	918	694	806	**UK**	**57,381**	**55,797**	**56,589**
Italy	4,845	5,286	5,066	Tanzania	1	1,802	902
Japan	12,495	11,669	12,082	**USA**	**295,231**	**297,499**	**296,365**
Jordan	5,633	3,944	4,789	**World**	898,030	957,145	927,588

자료 : UN/FAOSTAT, online.

(http://www.taipeitimes.com/News/biz/photo/2009/04/19/2008036349)

인도산 망고의 미국 수출을 위한 분류작업

우리나라에서는 1993년에 최초로 필리핀에서 망고 수입이 시작되었는데 2000년 이후 급증하여 2006년부터는 1,000톤 이상이 수입되었으며, 2007~2008년에는 평균 수입량 1,725톤(수입액 6,337천US$)으로 매년 증가추세이다. 우리나라는 망고 수입량의 거의 전부를 필리핀, 대만, 태국에서 수입하고 있다. 매년 수입량이나 금액이 빠르게 증가하고 있는 추세이다. 지난 2008년의 평균 수입가격은 US$4,037/톤 수준으로, 동년 필리핀 생산자 가격의 9.5배 수준이었다.

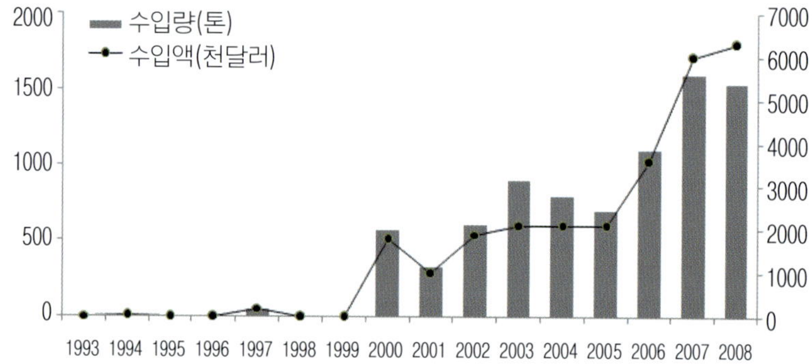

우리나라의 망고 수입동향

우리나라의 망고 주요 수입국

구 분	수입량(톤)			수입액(천US$)		
	2006년	2007년	2008년	2006년	2007년	2008년
필리핀	862.7	777.3	774.4	2,276.9	2,112.0	2,230.5
대 만	107.7	558.5	456.9	492.4	2,477.5	2,484.3
태 국	200.5	279.8	338.3	772.9	1,295.3	1,619.4
미 국	4.5	0.3	0.1	14.9	7.0	2.7
독 일	-	0.1	-	-	0.3	-
중 국	9.4	-	-	18.7	-	-
계	1,184.8	1,616	1,569.7	3575.8	5,892.1	6,336.9

■ 경제적 분석 사례

여기에서는 망고의 최대 생산국이자 수출국인 인도 망고에 관한 경제 분석과 필리핀의 자료를 요약해서 살펴보고자 한다. 본 내용의 자료는 현지 조사가 어렵고 자료가 제한적이기 때문에 개괄적인 경제 분석에 주력하였다.

▪ 인도

인도는 세계에서 망고를 가장 많이 생산하는 국가인데 최근 2010/11년에는 1,618만 톤을 생산하였다. 이는 2009/10년 생산량 1,502만 톤 대비 7.7%나 증가한 수량이다. 재배면적도 동기간 231.2만 ha에서 241.0만 ha로 약 4.2% 이상 증가한 것으로 나타났다. 한편 해외 수출물량은 83,703톤에서 74,461톤 수준으로 다소 감소했는데, 이것은 생산량의 0.5% 수준이다. 생산량의 대부분이 내수용이라는 것을 알 수 있다.

여기에서는 인도의 지난 1987~2010년까지의 망고 생산면적과 생산량, 그리고 수출량과 투자분석 등을 간략하게 소개하고자 한다. 먼저 인도에서의 망고 생산면적을 살펴보면 1987/88년의 123.3만 ha 수준에서 2009/10년의 231.2만 ha로 18년 동안 약 87.5% 이상 증가하여 연평균 5% 가까이 증가한 것으로 나타났다. 동기간 생산량은 1,035만 톤 수준에서 1,503만 톤 수준으로 약 45% 이상 증가하였는데 연평균 약 2.5% 이상의 증가율을 기록한 것이다. 단위면적당 산출고는 초기의 8.4톤/ha에서 6.5톤/ha 수준으로 낮아지고 있다. 이것은 면적이 증가하면서 한계지의 편입, 노후화된 수목의 교체 등의 영향이 있을 것으로 사료된다.

(http://mangosarewe.blogspot.com)

인도의 망고시장

인도의 망고 생산현황 (1987/88-2009/10)

연 도	면적 (천 ha)	생산량 (천 톤)	산출고 (톤/ha)
1987/88	1,232.9	10,350.4	8.4
1991/92	1,077.6	8,715.6	8.1
1992/93	1,136.7	9,223.3	8.1
1993/94	1,217.4	10,113.3	8.3
1994/95	1,228.3	10,993.3	9.0
1995/96	1,283.1	10,810.9	8.4
1996/97	1,344.9	9,981.2	7.4
1997/98	1,384.9	10,234.2	7.4
1998/99	1,401.6	9,781.8	7.0
1999/00	1,486.9	10,503.5	7.1
2000/01	1,519.0	10,056.8	6.6
2001/02	1,575.8	10,020.2	6.4
2002/03	1,623.4	12,733.2	7.8
2003/04	1,906.7	11,490.0	6.0
2004/05	1,970.4	11,829.7	6.0
2005/06	2,080.7	12,663.1	6.1
2006/07	2,153.7	13,734.1	6.4
2009/10	2,312.3	15,026.7	6.5

자료 : http://www.indiastat.com/agriculture/2/fruitsandnuts/17426/mango/

인도에서는 망고 과일이 전체 과일면적의 36.5~43.5%를 차지할 정도로 매우 많은 면적을 차지하고 있으며 전체 과일생산량의 21.0~37.4%를 차지하고 있는 매우 중요한 품목이다. 이처럼 중요한 망고의 가공품은 주로 망고를 주원료로 하는 잼, 젤리, 절임 망고슬라이스, 망고 슬라이스, 망고 주스, 망고 반죽 등의 제품이다.

최근의 인도 망고 수출자료에 의하면 10대 수출대상국이 약 15.7만 톤을 차지하고 수출금액은 Rs.6.14억(약 US$13.3백만) 정도이다.[64] 가장 큰 고객은 사우디아랍으로서 Rs.2.22억(약 US$4.6백만) 정도이다. 현재 대부분 중동지역과 유럽지역으로 수출되고 있다.

인도의 망고 수출현황(2009/10)

국 가	수출량 (톤)	수출액 (백만 Rs.)
사우디 아랍	63,480.00	221.6
네덜란드	16,073.00	90.1
예멘	21,753.00	68.5
UAE	17,054.00	61.4
UK	10,626.00	47.5
쿠웨이트	11,014.00	39.7
USA	4,467.00	28.4
수 단	5,758.00	22.4
일 본	2,472.00	19.4
레 바 논	4,086.00	15.1
계	156,783.0	614.1

자료 : 인도 뉴델리 농업부(Ministry of Agriculture, New Delhi)

망고를 가공하는 인도의 투자내역과 망고 과육(果肉) 가공비용에 대한 자료를 간략하게 살펴보면 다음과 같다. 인도 뉴델리농업부에서 소개한 자료에 의하면 망고를 가공하기 위하여 필요한 시설 내역 중에서 가공용 플랜트와 기계류의 비용이 전체의 41%를 점유할 정도로 높게 나타났다. 그 다음으로는 토지와 건물이 전체비용의 54%를 차지할 정도로 높은 비중을 차지하였다. 이 자료에 의하면 2005년 전후해서 망고 과육의 가공기업을 설립해서 운영하는데 소요되

64 루피 Rs(Rupee)는 인도 통화로, 환율은 US$1.00 = RS. 46.09 = 1,074.46 (2011.9.6 현재), ISO 4217 코드는 1NR, 통화기호는 RS로 표기된다.

는 비용은 약 Rs.1,065만 정도(약 US$23.1만)로 한화(韓貨)로는 약 2.5억 원 정도 되는 금액이다.65

망고 가공식품기업의 투자명세서

비용 명세	샘플 평균 (Rs.)	%
토지	23,64,981	22.0
건물	34,24,825	32.0
장비	65,020	0.1
컨테이너	7,100	0.0
플랜트 & 기계류	44,69,154	41.0
원료	3,21,104	3.0
기타	1,065,218	1.0
계	10,652,184	100.0

자료 : 인도 뉴델리농업부(Ministry of Agriculture, New Delhi) 조사 자료

망고 과육 가공기업이 고정적으로 지출하는 비용은 Rs.1,698,330으로 조사되었는데, 인도의 높은 이자율(14%/년)을 적용하면 이자비용이 고정적 지출액의 절반 이상을 차지하고, 노력비가 1/3 이상을 점유하고 있다. 감가상각비는 건물이 5%, 기계류 3% 정도이다. 그 결과 가공기업에서 망고과육(Mango Pulp)을 연간 약 5,468톤을 생산하기 위해 소요되는 고정적 비용은 연간 US$36,848 수준으로 나타났다. 이를 톤당 비용으로 환산하면 고정적 비용은 Rs.310.6/톤(US$6.74/톤) 수준이 된다.

65 Rs. = Rupee. 환율은 US$1.00 = Rs. 46.09 = ₩1,074.46 (2011.9.6 현재).

샘플 기업의 고정적 비용

구　　분	평균금액 (Rs.)	%
A. 감가상각 : 1) 건　물 (상각율 5%)	17,437	10.3
2) 기계류 (상각율 3%)	6,832	4.0
B. 투자액 이자 (이자율 14%)	87,360	51.4
초기 임금	58,200	34.3
총고정적 비용	1,698,330	100.0
망고과육 가공비용/톤	310.6	-

망고 과육의 가공과정에서 발생하는 가변비용을 추정하기 위하여 크리슈나그리리(Krishnagriri) 지역에 있는 기업의 가변비 내역을 분석한 결과, 기업의 총가변비용은 Rs.1.1억(약 US$242만)의 비용이 소요되는 것으로 밝혀졌다. 그 결과 망고 과육의 가공에 소요되는 총가변비용은 Rs.45,078/톤(US$978/톤) 수준으로 추정되었다. 이는 한화(韓貨)로 약 ₩105만/톤 수준이며, 결국 ₩1,051/kg의 비용 수준이다. 예를 들어 연평균 5,468톤을 가공할 수 있는 기업의 시설에서 연평균 2,472톤의 망고과육을 가공할 경우를 고려하면, 연간 지불되는 고정적 비용과 가변적 비용을 합치면 망고과육 가공기업의 경영비는 총 Rs.1.13억 정도인 셈이다. 이는 약 US$245.45만 수준이며 ₩26.4억 정도 되는 금액이다. 그 결과 망고과육 가공비용은 총 Rs.45,389/톤(US$984.79/톤 또는 ₩105.8만/톤)이다. 좀 더 세분해서 설명하면 망고과육 가공비용은 ₩1,058/kg 수준이다. 그렇기 때문에 가변비가 가공비의 99.3%를 점유하고 있는 실정이다.

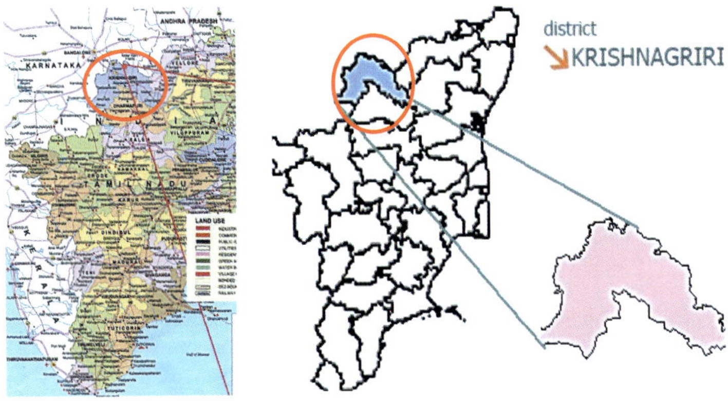

(http://tidco.com/sez3.html)

인도 타밀 나두(Tamil Nadu)주의 크리슈나그리리 지역

타밀 나두(Tamil Nadu)주 크리슈나그리리(Krishnagriri) 망고가공기업의 가변비

가변비용 내역	평균금액 (Rs.)	%
망고 구입비	99,488,800.00	90.4
구입세 8%	14,428,44.44	1.30
위탁 비용	994888.00	0.90
망고 저장비	157,888.00	0.2
포장재 비용	1,862,900.00	1.7
전력비	40,174.00	-
발전기	15,000.00	0.05
수선 유지비	8056.00	0.007
근로자 보너스	656,604.00	0.6
가공비	5,216,344.0	4.7
기타 비용	4222.00	0.0
망고 과육 운송비	100,000.00	0.2
가변비	109,987,720.44	100.0
가변비의 이자	1,442,543.00	
총가변비	111,430,263.00	-
망고 과육가공의 총가변비/톤	45,078.00	-

자료 : Political Economy Journal of India / Jan-June, 2008

끝으로 이러한 가공비용을 감안하여 수익성을 추정하자면 망고과육 가공품의 판매액을 Rs.150/kg으로 가정할 때 이 기업의 톤당 조수입은 Rs.61,624이고, 이 망고 가공기업의 순이윤은 Rs.16,236/톤으로 추정되었다. 이는 순이윤이 US$352.27/톤(₩378,500/톤) 수준임을 의미한다.

샘플기업의 망고과육 가공 수익성/톤

비용/수입		평균금액 (Rs.)	%
수익	망고과육 판매 조수입, Rs.150/Kg.	61,624.00	-
	총 수입 (A)	61,624.00	-
비용	고정비용	310.62	0.67
	가변비용	45,078.00	99.3
	총비용 (B)	45,388.62	100.0
순이윤 (A - B)		16,236.00	-

자료 : 전게서.

단위면적당 수입/비용 분석

망고 과육의 가공기업을 중심으로 한 분석도 중요하지만, 가공에 앞서 단위면적당 생산비용과 수익을 추정하는 것이 잠정적인 생산자들에게 더 유익한 정보가 될 수 있다. 아래에서는 이에 대한 간략한 자료를 분석하고자 한다.

투자 및 재배비/ha 내역

경비내역		경비 (Rs.)
재배경비		
(i)	식재료비	4,942
(ii)	가축분뇨 & 비료	12,355
(iii)	살충제 & 농약	4,942
(iv)	노력비	20,756
(v)	기타(동력비 포함)	8,896
	소계	51,891
관개비		
(i)	우물/펌프용 관	111,195
(ii)	파이프 비용	-
(iii)	기타	-
	소계	111,195
점적/스프링클러 비용		61,775
기반시설		
(i)	저장 & 펌프 시설	37,065
(ii)	노동자 룸	12,355
(iii)	농업장비	13,343
	소계	62,763
토지개발		
(i)	균토작업	9,884
(ii)	울타리 작업	73,142
	소계	83,026
총 계		370,650

자료 : http://www.scribd.com/doc/5492337/MANGO, India.

이 농장의 주요 내용은 농장의 크기가 1.0ha인 경우 농장시설 투자 및 경영비용이 총 Rs.370,650가 소요된다는 것이다. 이는 US$8,042/ha의 투자경비가 필요함을 말하는데, 한화(韓貨)로는 약 ₩864만/ha 수준이다.

여기에서 생산되는 망고는 초기에 12.4톤/ha에서 17.3톤/ha로 증가하는 것으로 가정하고 있으며 망고 생과판매가격을 Rs.10,000/톤(US$217/톤, ₩233,158/톤) 수준으로 할 경우 총수입은 Rs.124,000~173,000/ha(또는 US$2,691~3,754/ha) 정도로 추정된다. 이는 약 ₩289.1만~403.4만/ha 수준의 조수입이 되는 것이다.

그런데 여기에서 말하는 관개시설비, 점적/스프링클러시설비, 기반시설비, 토지개발비 등은 고정투자비용으로 간주할 수 있는데 이 금액은 Rs.256,984/ha이다. 이 고정투자비용 전액을 매년 망고 생산비로 계상할 수는 없기 때문에 매년 이자를 생산비에 포함시켜야 한다. 고정투자액에 대한 이자는 인도의 콜 금리 7.0%를 사용하기로 하였다.[66] 그 결과 연간 이자액은 Rs.17,989로 추정되었다. 그렇기 때문에 망고의 연간 생산비는 재배경비 Rs.51,891/ha에다 이자비용 Rs.17,989/ha를 합친 Rs.69,880/ha로 추정된다. 따라서 톤당 망고의 생과 판매조수입이 Rs.10,000이기 때문에 생산량 12.4톤~17.3톤/ha을 감안하면 생과판매 조수입은 Rs.124,000~173,000/ha가 된다. 그렇기 때문에 순이익은 Rs.54,120~103,120/ha으로 추정된다. 이것은 US$1,174.22~2,237.36/ha(₩1,261,657~2,403,956/ha)이다.

66 최근 2011년 7월 현재 인도의 콜 금리(benchmark interest rate, 평균 금융 비용)는 7.0% 수준인데, 지난 2000년 8월의 경우 14.5%, 2009년 4월 3.25% 등으로 변동이 심하다. http://www.tradingeconomics.com/india/interest-rate.

■ 필리핀

(http://mangophilippines.wordpress.com/2009/07/23/
philippine-super-mango-var-carabao-one-of-the-best-variety/)
필리핀의 아로요(Arroyo) 前대통령 일행이 카라바오(Carabao) 망고를 광고하는 모습

망고의 손익분석도 다른 과일과 마찬가지로 당사국에서 공개한 자료의 제한으로 만족스러운 분석이 불가능한 실정이다. 여기에서는 필리핀의 망고묘목농업회사(Philippine Mango Seedlings Corporation)에서 발표한 자료를 중심으로 농민들이 망고나무를 심을 경우 얼마나 큰 손익을 보게 되는가를 정리하고자 한다.

망고나무 식수에 따른 편익(2006)

기대되는 경제적 편익	
수령이 7년인 망고나무의 연평균 망고 생산량 (개)	1,000
평균 망고 수/Kg	5
망고나무 한 그루당 평균 생산량 (Kg)	200
망고의 평균 농가판매가격 (US$/Kg)[1)]	0.26
망고의 평균 생산비용 (US$/Kg)[2)]	0.11
1,000그루에서 연평균 결실 나무 수	700
망고 나무 한 그루당 잠재적 소득 (US$)	52.00
망고 나무 한 그루당 재배비용 (US$)	22.00
1,000그루에서 연간 지역마을의 순편익 (US$)	21,000.00
망고나무 한 그루당 순편익 (US$)	21.00
잠재적 환경 편익	
망고나무 한 그루당 연간 이산화탄소 흡수량 (lbs.)	667.5
1,000그루의 연간 환경 편익[3)]	303톤의 CO_2 흡수

주 : 1) 2006년도 루손(Luzon)섬에서의 망고 평균판매가격/Kg
2) 2006년도 루손(Luzon)섬에서의 망고 평균재배비용/Kg
3) 동남아 시민 1인당 연간 평균 2.2톤의 이산화탄소(CO_2) 배출
자료 : Philippine Mango Seedling Farm Corp.

망고나무의 수령은 일반적으로 300년이 되어도 열매를 맺는다고 한다. 이미 기술한 대로 나무의 높이가 10~40m에 이르면서 최소 300년을 생존한다는 것이 학자들의 설명이지만(http://newworldencyclopedia.org/), 여기에서는 수령이 7년인 것을 기준으로해서 분석을 하였다. 이 분석을 위하여 망고나무 한 그루당 200kg 또는 1,000개의 망고를 생산하고, 생과의 농가판매가격은 US$0.26/kg을 사용하였다. 생산비는 그보다 훨씬 낮은 US$0.11/kg으로 추정하였다. 그리고 전체 망고나무 중에서 약 70%가 과실을 생산할 수 있는 것으로 가정하였을 때 망고

나무 한 그루당 잠재적 소득은 US$52이고 투자비용을 제외한 재배비만 고려하면 한 그루당 US$22의 비용이 드는 것으로 추정된다. 그러나 재배비용 외에 투자비용을 감안하면 망고나무 한 그루당 순이익은 US$21로 추정되었고, 망고 생산의 순이익은 US$0.15/kg으로 분석되었다.

■ 참고문헌 및 자료

국립원예특작과학원. http://www.nihhs.go.kr/farmer/technology

네이버 백과사전. http://terms.naver.com/entry.nhn?docId=293429

농촌진흥청(2011). 「2010 농축산물소득자료집」.

뉴스제주(2010.04.09). http://www.newsjeju.net

미국 USDA 국립영양분 Data Base. http://www.nutrition-and-you.com

식품조리과학이론. http://blog.naver.com/play31bk/20103995375

제주특별자치도 농업기술원(2009). 아열대과수 망고 안정생산을 위한 재배작형 및 과실 품질 향상 기술 개발. 농촌진흥청.

A. Xavier Susai Raj(2008). An economic analysis of mango pulp agro based industry in Krishnagiri District, Tamil Nadu. *Political Economy Journal of Indi*.

Berita Harian(Bahasa Malaysia). http://www.jaring.my/bharian.

DGCIS(Director General of Commercial Intelligence and Statistics), India.

Exotic Fruit Farm. http://www.capetrib.com.au

Kader, Adel A(2008). ***FRESH-CUT MANGOS AS A VALUE-ADDED PRODUCT (LITERATURE REVIEW AND INTERVIEWS)***, Postharvest Horticulture Consultant, Kader Consulting Service, P.O.Box 600, Davis, CA 95617, USA.

LifeMojo Team(2010). ***Top 10 Health Benefits of Mangoes***. http://www.lifemojo.com/lifestyle

Ministry of Agriculture(2010). New Delhi, India.

New Straits Times. http://www.nstpi.com.my

Philippine Mango Seedling Farm Corp.(2006).

Plant Propagaton. ***Cleft Grafting***, http://aggie-horticulture.tamu.edu

Sauls, Julian W. ***Home Fruit Production - Mango***, Aggie Horticulture, Agri-Life Extension, Texas A&M System.

Sin Chew Jit Poh(Chinese). http://www.rhmedia.com/sinchew

Thailand Institute of Science and Technology Research(2011).

The Global Schoolhouse. http://www.gsn.org

The Malaysian National Library. http://www.pnm.my

The Star(Newspaper). http://main.thestar.com.my

Tourism of Malaysia. http://www.tourism.gov.my

Visit Malaysia Cyber Campaign. http://www.pahlawan.com.my

World Cancer Reaserch Fund(2011). ***Nutrition Malnutrition***.

http://www.angelfire.com/hi/TheSeer/seratonin.html.

http://www.beachcomberpete.com

http://dit.go.th

http://www.ehow.com/how_6778876_prune-mango-trees-western-australia.html

http://en.wikipedia.org/wiki/Mango

http://Foodmarketexchange.com

http://www.freshmangos.com/aboutmangos/index.html

http://www.geocities.com/Athens/Agora/8378/.

http://www.goldendrop.com.au/mangoes.html

http://www.indiastat.com/agriculture/2/fruitsandnuts/17426/mango/

http://www.JuiceFeasting.com(October 7, 2007)

http://www.koreaherald.com/national/Detail.jsp?newsMLId=20100718000228

http://marketmanila.com
http://mgonline.com/articles/mango.aspx
http://quazen.com/recreation/food/mango-is-the-national-fruit-of-the-philippines/
http://schools-wikipedia.org/wp/m/Mango.htm
http://www.navigasi.net/goart.php?a=ffdwarso&l=en
http://www.ncbi.nlm.nih.gov/pmc/articles/PMC2431500/
http://www.newworldencyclopedia.org/entry/Mango
http://www.nutrition-and-you.com
http://www.raysahelian.com/betacryptoxanthin.html
http://www.scribd.com/doc/5492337/MANGO
http://www.tidco.com/sez3.html
http://www.tropicalfruitnursery.com/mango/condo.shtml
http://www.tropical-seeds.com
http://www.21food.com/showroom/68833/product/Irwin-Mango.html
日本 国際農林業協力協会(1996).「熱帯果樹栽培ハンドブック」.
米本仁已(2008).「新特産シリーズ　マンゴー 完熟果栽培の実際」.

■ 저자

박준근 (Joon-Keun Park)

University of Tennessee 농업경제학 박사
전남대학교 농업생명과학대학 농업경제학과 교수
농업생명과학대학 학장 역임

안기완 (Ki-Wan An)

Hokkaido University 산림정책학 박사
전남대학교 농업생명과학대학 산림자원학부 임학전공 교수
농업생명과학대학 부학장 역임

안영상 (Young-Sang Ahn)

Hokkaido University 산림환경보전공학 박사
전남대학교 농업생명과학대학 산림자원학부 임학전공 조교수
前) 국립산림과학원 근무

열대과일 시리즈 II

망 고 MANGO

인쇄 | 2012년 2월 20일
발행 | 2012년 2월 28일

저자 | 박준근 · 안기완 · 안영상
Joon-Keun Park, Ki-Wan An, Young-Sang Ahn
발행 | 김윤수
발행처 | 전남대학교출판부 Chonnam National University Press

등록 | 1981. 5. 21. 제53호
주소 | 500-757 광주광역시 북구 용봉로 77
전화 | (062) 530-0571~3
팩스 | (062) 530-0579
홈페이지 | http://altair.chonnam.ac.kr/~cnup

값 15,000 원

ISBN 978-89-97620-01-2 (93520)

이 도서의 국립중앙도서관 출판시도서목록(CIP)은 e-CIP홈페이지(http://www.nl.go.kr/ecip)와 국가자료공동목록시스템(http://www.nl.go.kr/kolisnet)에서 이용하실 수 있습니다.
(CIP제어번호: CIP2012000980)